리제 마이트너

Lise, Atomphysikerin
by
Charlotte Kerner

ⓒ 1995 Beltz Verlag, Weinheim und Basel
Programm Beltz & Gerlberg

Korean translation Copyright ⓒ 2009 by Yangmoon Pub. Co.

Korean Translation edition is published by arrangement with Beltz Verlag GmbH, Weinheim
und Basel through Agency Chang, Daejeon.

이 책의 한국어판 저작권은 에이전시 창을 통해 독일 벨츠 출판사와의 독점 계약으로 (주)양문에 있습니다.
저작권법에 의해 한국 내에서 보호를 받는 저작물이므로 무단 전제와 무단 복제를 금지합니다.

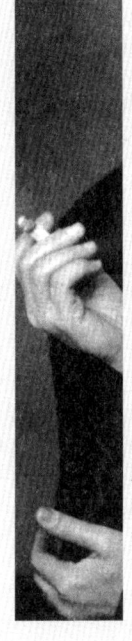

한 번도
 인간적 면모를
  잃은 적이 없는
   여성 물리학자
리제 마이트너

샤를로테 케르너 지음 | 이필렬 옮김

YANG 아문 MOON

리제 마이트너

초판 찍은날 2009년 4월 20일   **초판 펴낸날** 2009년 4월 27일

지은이 샤를로테 케르너 | **옮긴이** 이필렬

펴낸이 변동호
출판실장 옥두석 | **책임편집** 이선미 · 변영신 | **디자인** 김혜영 | **마케팅** 김현중 | **관리** 이정미

펴낸곳 (주)양문 | **주소** (110-260) 서울시 종로구 가회동 172-1 덕양빌딩 2층
전화 02.742-2563~2565 | **팩스** 02.742-2566 | **이메일** ymbook@empal.com
출판등록 1996년 8월 17일(제1-1975호)

ISBN 978-89-87203-98-0 03400   잘못된 책은 교환해 드립니다.

나는 모든 젊은이들이 훗날
자신의 삶이 어떤 모습이 될 것인지 상상하리라고 생각한다.
나 역시 유년시절에 그런 상상을 했는데,
그때 나는 항상 내 삶의 내용이 풍부해지려면
결코 가볍게 살아서는 안 된다는 결론에 도달했다.
그리고 그 소망은 이루어졌다.

-리제 마이트너

차 례

9 1878-1901 조신한 딸
              빈에서의 어린 시절과 유년시절

23 1901-1907 내가 과연 과학자가 될 수 있을까
               빈에서의 공부와 첫 연구

35 1907-1912 정말 자유롭던 시절
               베를린에서의 첫해, 목공소의 리제 마이트너와 오토 한 팀,
               막스 플랑크의 학생이자 조교

53 1912-1920 어떤 나쁜 마음도 지니지 않았던 여성 물리학자
               베를린의 카이저빌헬름 연구소, 제1차 세계대전, 새 원소의 발견,
               오토 한과의 공동연구가 끝남

75 1920-1933 여성과학자의 형성기
               교수, 학문적인 성공, 그리고 첫 수상

97 1933-1938 한 유대인 여성이 연구소를 위태롭게 한다
               나치 집권초기, 교수권 박탈, 한-마이트너-슈트라스만 팀,
               오스트리아의 합병과 망명 준비

121　1938-1939　……그러나 이것이 현실이다
　　　　　　　　스톡홀름으로의 도망, 베를린에서의 핵분열 발견, 리제 마이트너의 해석

141　1939-1945　나는 마치 사막에서 사는 것 같다
　　　　　　　　스톡홀름에서의 망명생활, 제2차 세계대전

153　1945-1946　나 자신은 원자폭탄 개발에 참여하지 않았다
　　　　　　　　히로시마와 나가사키, 끔찍한 명성과 첫번째 미국여행,
　　　　　　　　오토 한의 노벨상 수상

169　1946-1968　나에게 감정이란 좀 그저 그런 것이다
　　　　　　　　전후 독일에 대한 거리두기, 인정과 영예, 케임브리지에서의 말년

191　1939-1945　덧붙이는 이야기 | 성공할까 두렵다
　　　　　　　　원자폭탄의 역사

참고자료 · 199
옮긴이의 글 | 과학사에서 부당한 삶을 살았던 리제 마이트너 · 207

조신한 딸

· 빈에서의 어린 시절과 유년시절 ·
1878-1901

1878년 11월 17일 세번째 아이가 태어났다. 또 여자아이였다. 빈에서 변호사로 일하던 필립 마이트너 박사와 부인 헤드비히(원래 성은 스코브란)는 그 아이에게 엘리제(Elise)라는 이름을 붙였다. 아이가 태어난 집은 빈의 황실 소유 정원인 아우가르텐과 프라터슈테른 사이의 카이저-요제프 거리 27번지에 있었다.

1878년에는 역사의 거대한 바퀴가 아직 정지 상태에 있었다. 오스트리아 제국의 황제 요제프 프란츠 1세는 30년 전부터 오스트리아-헝가리 왕국을 지배하고 있었다. 엘리제의 조부모와 외조부모 모두 한쪽이 유대인이었기 때문에, 엘리제의 탄생도 빈에 있는 유대인 문화공동체 출생명부에 등록되었다. 엘리제가 태어난 뒤 다섯 명의 아이가 더 태어났다. 아버지의 변호사 사무실은 명성이 높았지만 마이트너 가족은 검소하게 살았다. 다섯 명의 딸과 세 명의 아들을 키워야만 했기 때문이다.

필립 마이트너는 자유사상가였다. 그가 아이들을 유대교 신앙에 따라서만 키우지 않았기 때문에 아이들은 개신교 종교수업을 들을 수 있었다. 이는 초기산업화가 한창이던 시기(Gründerzeit)의 빈에서는 특별한 일이 아니었다. 당시 의사나 법률가 등 시민계급 상류층에 속하는 많은 유대인들은 유대교 신앙에 따라 살지 않았다. 엘리제 역시 개신교 환경에서 자랐지만 그녀는 단 한 번도 자신이 유대인 출신임을 부정하지 않았다. 그리고 바로 유대인 태생이라는 사실 때문에 그녀에게는 태어난 지 60년이 지난 후 그녀를 거의 망가뜨릴 지경까지 몰아간 큰 위기가 왔다.

어린 시절의 엘리제는 훗날 닥칠 위기를 조금도 예감하지 못했다. 그녀는 행복한 가정에서 자랐고, 형제자매들은 포근한 분위기를 만들어주었다. 엘리제는 두 언니가 시키는 대로 따라야 했지만, 그녀 역시 어린 동생들을 정성껏 돌보았다. 그녀는 훗날 어린 시절을 즐겨 회상했다.

대가족 안에서 엘리제는 정확히 중간에 있었다. 이 위치에서 그녀는 어떻게 행동해야 하는지 배우고 연습할 수 있었는데, 이때 배운 것이 나중에 그대로 되살아났다. 우선 그녀는 존경하는 사람 앞에서 자기 자신을 겸손하게 낮출 수 있었다. 어린 시절 그녀가 존경한 대상에는 손위 형제자매들도 포함되었지만, 누구보다도 존경한 사람은 가장인 아버지였다. 그리고 나중에는 과학의 스승들도 존경의 대상이 되었다. 그녀는 또 자신의 뜻을 주장하고 관철하는 법도 배웠다. 엘리제의 조카인 오토 로버트 프리쉬(Otto Robert Frisch)[†]는 그녀를 가까이에서 지켜보았는데, 그녀가 어렸을 때는 동생들을 잘 이끌었고, 어른이 되어서는 '필요하다고 생각할 때 엄하게' 학생들을 지도했다고 말한다.

오스트리아의 작가 슈테판 츠바이크(Stefan Zweig)는 엘리제가 성장한 시절을 이렇게 묘사했다.

"그때는 모든 것이 확실히 보장되는 황금기였다. 거의 천년 동안 유지되어 온 오스트리아 왕국은 장기간 흔들림 없이 유지될 것처럼 보였다. 사람들은 오래된 도시 빈에서 거의 근심걱정이 없는 듯이 풍요롭게 살았다. 북쪽에 사는 독일인들은 도나우강변의 이웃인 우리를 약간은 신경질적으로 경멸하듯이 쳐다보았다. 독일인들의 눈에 그들의 이웃은 '능력'을 기르거나 엄격한 질서를 준수하지 않으면서, 삶을 흥청망청 즐기고 잘 먹는 걸 좋아하고 축제와 연극을 즐기며 그리고 이러한 것에 걸맞은 훌륭한 음악을 만드는 사람들로 보였다. 삶을 있는 그대로 즐기라는 것은 유명한 빈의 원칙이었다."

오페라와 왈츠, 그리고 카페의 도시 빈에서 엘리제는 시간이 지나면서 '리제' 마이트너가 되었다. 형제들은 리제를 부첼(Wuzerl)이라는 애칭으로 불렀다. 빈 방언인 이 말은 작은 먼지 또는 먼지 알갱이를 뜻했다. 리제는 작고 귀여웠지만 어두워 보이는 타입이

† 오토 로버트 프리쉬(1904~1979)는 리제 마이트너의 언니인 아우구스테의 아들로, 유명한 물리학자이다. 그의 삶은 종종 리제 마이트너의 삶과 교차하였고, 그 때문에 그는 리제 마이트너의 삶을 증언하는 중요한 역할을 하게 된다.

었다. 긴 갈색머리를 뒤로 묶고, 어두운 갈색 눈은 무엇인가를 곰곰이 생각하는 듯 보였다. 어린 리제의 약간 통통한 볼과 두툼한 입술은 입이 조금 기울어진 것처럼 보이게 했는데, 이것은 반은 웃는 듯하고, 반은 슬픈 것 같은 인상을 주었다. 리제의 가장 친한 친구 중 하나는 리제가 조용하고, 수학과 물리 문제에 대한 관심으로 인해서 종종 일상생활의 실제적인 일들 앞에서는 자신 없어하던 아이였다고 그녀를 묘사했다. 그럴 때면 형제들은 "그건 물리책에 나오지 않아."라고 말했다.

리제는 초등학생 시절에 이미 자연과학적 현상에 매료되었다. 어느 날 그녀는 기름이 섞인 물웅덩이에서 나오는 무지개 빛깔을 관찰했다. 어디서 이렇게 아름다운 빛깔이 오는 걸까? 리제는 당시에 들었던 무지개 빛깔에 대한 설명을 오랫동안 기억했다. 그때 이후로 그녀는 자연 속에서 미지의 것을 보거나 발견하면 더 자주 질문하게 되었다.

5년 동안 초등학교에 다닌 리제는 그 후 3년 동안 체르닌 광장 3번지에 있는 시민학교(Bürgerschule)에 다녔다. 시민학교는 중학교나 김나지움(오스트리아와 독일의 고등학교. 졸업하면 대학진학 자격을 얻는다―옮긴이)에 진학하지 못하는 학생들에게 일반 초등학교 수준 이상의 교육을 수행하는 곳이었다. 정확하게 말하면 리제의 경우에는 중학교나 김나지움에 진학할 수 없었다. 당시에는 상위 교육기관으로 진학하는 것이 여자아이들에게 허용되지 않았기 때문이다.

1892년 7월 15일 리제는 시민학교 3학년 과정을 마쳤다는 증서를 받았다. 이 증서는 동시에 졸업증명서이기도 했다. 리제는 '수'를 다섯 개, '우'를 여섯 개 받았고, 행실은 '나무랄 데 없음'이라는 평가를 얻었다. 이렇게 성적이 좋은데 더 이상 배우고 공부할 기회가 없다는 것인가? 리제의 부모는 열네 살 된 딸아이와 함께 딸의 미래에 대해서 이야기했다. 그때 리제가 공부를 계속하겠다고 말했을까? 우리는 그녀가 나중에 이야기한 것을 바탕으로 추측만 할 수 있을 뿐이다.

"어렸을 때부터 나는 수학과 물리학에 아주 강하게 끌렸는데, 그렇다고 곧바로 공부에 뛰어들 수는 없었다. 그 이유 가운데 하나는 당시 사람들이 여성교육에 대해서 매우 보수적이었기 때문이고, 다른 한편으로는 내 고향인 빈의 특수한 상황 때문이었다. 결국 나는 몇 년을 잃어버렸다."

이 '잃어버린' 몇 년 동안 리제는 프랑스어 교사 자격시험을 준비했다. 그녀는 이 문제를 부모와 상의하고 결정했다. 그녀의 큰 계획이 무산되어도 프랑스어를 가르치며 생활할 수 있었기 때문이다. 리제 마이트너는 가족의 생계를 위해 보탬이 되어야 한다는 생각을 하고 있었다. 그리고 실제로 그녀가 가정교사로 일하면서 번 약간의 돈으로 언니 아우구스테가 작곡가 교육을 받을 수 있었다.

그러면 그녀의 큰 계획은 무엇이었을까? 리제는 개인교습을 통해서 고등학교 과정의 공부를 한 다음에, 한 김나지움에 가서 소위 외부인을 위한 고등학교 졸업시험(Matura)†을 치를 계획이었다. 이것은 대학에서 공부하고 싶어 하는 여학생들을 위한 일종의 편법이었는데, 오스트리아에서는 1899년에야 여성의 대학 진학이 공식적으로 허용되었기 때문이다. 리제의 부모는 딸의 이러한 소망을 아낌없이 지원했다. 또 리제가 당시로서는 여자들에게 어울리지 않는다고 생각하던 직업을 선택하려 할 때에도 전혀 반대하지 않았다. 리제가 자연과학자가 되고 싶어하면, 부모들은 마땅히 그렇게 되어야 한다고 생각했다. 특히 아버지는 리제의 능력과 총명함을 믿었다. 리제도 아버지를 매우 좋아했다. 리제의 부모는 딸에게 무엇보다도 자신의 일에 대한 확신과 자신감을 심어주었다. 훗날 외부조건이 불리한 상황에서도 그녀는 이러한 자신감을 결코 잃지 않았다. 깊은 내면에서부터 자신은 무엇인가를 할 수 있고, 또 그런 능력을 가지고 있다고 스스로 확신했다. 리제는 그러한 자신을 항상 자랑스러워했다.

가족들은 리제의 계획을 눈에 띄지 않게 조용히 지원했다. 아무도 그녀가 대학입학 자격시험을 준비하고 있다는 것을 외부에 알리지 않았다. 사회적인 반감이 너무 컸기 때문이다.

당시 여성들은 목까지 올라와서 입기가 매우 번거로운 좁은 옷을 입었다. 다른 사람의 도움 없이는 거의 입을 수도 없는 옷이었다. 또한 수많은 집게와 머리핀으로 머리를 장식하고 그 위에 커다

---

† 오스트리아의 대학입학 자격시험을 일컫는 말. 지금은 일주일 동안 치른다.

란 모자를 고정시켰다. 옷을 꽉 조여 입는 스타일은 사회적인 규범의 한 표현이었다. 이러한 의상은 여성의 정신적인 발전도 위축시켰다. 젊은 남성으로서 당시의 모습을 관찰한 츠바이크는 19세기 말 소녀들의 모습을 다음과 같이 기술했다.

"조금만 혼란스러운 일이 닥쳐도 소녀들의 거동은 끊임없이 흔들렸다. 그들의 모습은 오늘날의 소녀들과는 전혀 달랐다. 요즈음 여자아이들은 운동을 해서 몸이 튼튼하고 남자들과도 부끄러워하지 않고 대등하게 잘 어울린다. 당시의 여자아이들은 오늘날의 소녀보다 더 소녀다웠다. 이런 모습은 마치 온실식물의 이색적인 부드러움과 닮았다. 온실식물은 인위적으로 따뜻하게 조성된 온실 속에서 모든 거친 바람을 피하면서 자라난다. 당시의 여자아이들은 정해진 교육과 문화 속에서 인위적으로 길러진 하나의 상품과도 같았다.
당시 사회는 어린 소녀들이 우둔하고 배우지 않고, 예의 있고 순진하고, 수줍어하고, 우유부단하고, 세상일을 잘 모르기를 더 원했다. 그래서 미리 정해진, 삶과 동떨어진 교육을 통해서 결혼한 다음에는 남편의 뜻에 따라 형성되고 이끌리는 여성이 되기를 원했던 것이다."

하지만 리제의 삶은 부모님의 너그러움과 장래를 내다보는 안목 덕분에 대부분의 소녀들과는 다르게 전개되었다. 더욱이 그녀의 부모가 생각할 때 자신들의 딸은 자기를 보호해줄 남편을 쉽게 찾거나 찾으려고 하는 소녀가 아니었기 때문에 더욱 그러했다. 리제는 직업교육을 받을 수 있고 받아야만 했다. 리제의 자매들도 직업을 가졌다. 그중 세 명은 각각 작곡가, 의사, 그리고 화학자가 되었다.

그러나 한편으로는 리제 역시 군주제 시대였던 당시의 여성상에서 조금도 벗어나지 않았다. 그녀는 나이가 많이 들 때까지도 행실이 바르고, 수줍어하고, 겸손하며, 특히 여러 사람 앞에서는 오히려 확신이 없고 부끄러워했다. 그녀는 항상 '조신한 딸'로 남아 있었던 것이다. 오토 한(Otto Hahn)의 자서전에 언급되는 짧은 일화는 리제의 이런 모습을 잘 보여준다.

"언젠가 리제 마이트너가 앉거나 걸어다닐 때 상당히 고통스러워한 적이 있었다. 분명히 큰 고통을 견디고 있었을 것이다. 그녀는 내게 발에 종기가 났다고 말했다. 그런데 몇 달 후에 아는 사람이 내게 이렇게 말했다. '리제 마이트너가 종기 때문에 고생한 적이 있었는데, 그때 당신에게 종기가 어디 생겼는지는 말하지 않았지요. 제대로 앉지도 못하고 고통스러워했던 것은 바로 거기에 종기가 났기 때문이었죠!' 발에 난 종기 때문에 의자에 앉아 있는 게 힘들었다면, 그건 아마 의학적인 불가사의쯤 될 것이다."

교양 있는 시민계급 환경에서 자란 조신한 여성이 예술과 문학에 대해 아는 것은 당연한 일이다. 리제 마이트너는 그 시대의 고전작가들을 알고 있었다. 그녀는 괴테를 좋아했고 종종 그의 작품을 즐겨 인용했으며, 음악에도 몰두했다. 그러나 그녀는 부모에게서 좋은 교육에 필요한 것보다 삶을 위해 필요한 것들을 더 많이 얻었다. 어머니는 아이들에게 "나와 아버지 말을 잘 들어라, 하지만 생각은 스스로 하라."고 가르쳤다. 아버지는 자식들에게 문학과 예술을 강요하지 않았지만 음악을 이해할 수 있도록 도와주었다. 그들은 연주회에도 가고 집에서 직접 연주도 했는데, 그럴 때면 리제는 직접 피아노를 쳤다. 그녀는 평생 동안 다른 어떤 것보다 음악을 사랑했다.

변호사였던 마이트너 박사는 자유사상가였고, 철학과 정치에 관심이 많은 사람이었다. 아버지의 이러한 면모는 리제에게도 영향을 끼쳤다. 그녀는 자연스럽게 사회적인 문제에 관심을 갖게 되었고, 인간적인 고난에 대해 눈과 가슴이 열려 있었다. 리제는 아버지가 정확히 그랬던 것처럼, 편견에 사로잡히지 않고 자신의 직업에 전념해야 한다고 생각했다. 그녀는 결코 '물리학 기계'가 되려고 하지 않았다.

1898년부터는 리제가 다른 것을 즐길 시간이 크게 줄어들었다. 그녀는 다른 두 명의 소녀와 함께 개인교습을 받으면서 대학입학 자격시험을 열심히 준비했다. 소녀들은 겨우 2년 안에 그리스어와 라틴어 과목을 포함해서 8년에 해당하는 학교 공부를 마쳤다. "정말 쉽지 않은 일이었다." 부지런하고 의지가 강했던 리제는 열심히 공부에 몰두했다. 1899년 빈에 있는 식물원을 방문했을 때 찍은 사진은 당시 리제의 모습을 잘 보여준다. 창백해 보이는 그녀의 눈 주위를 검은 기미가 둘러싸고 있다.

형제들은 가끔 부지런한 리제를 놀려댔다. 한번은 그녀가 책도 들고 다니지 않고 공부도 하지 않자 형제들은 시험에 떨어질 거라고 말하기도 했다. 리제는 옷에 신경 쓰고 치장하는 일에는 거의 시간을 들일 수 없었다. 이러한 일은 그녀에게 중요하지 않았다. 리제는 멋쟁이도 아니었고, 외모를 꾸미거나 남의 눈에 띄는 것에도 흥미가 없었다. 리제는 스스로 열심히 공부했지만, 수업을 듣는 것도 그녀에게는 큰 즐거움이었다.

특히 물리와 수학 선생이었고 나중에 실험물리학 교수가 된 아르투르 사르바치(Arthur Szarvazy) 박사에게서 리제는 감동을 받았다.

"사르바치 선생님은 독특하게 흥미를 일깨우는 방식으로 수학과 물리학 내용을 설명하는 탁월한 능력을 가졌다. 그는 종종 빈 대학에 있는 연구소로 우리를 데리고 가서 실험기구를 보여주는 일도 주선했는데, 이런 일은 개인교습에서는 아주 드문 일이었다. 실제로 대부분의 개인교습에서는 그림이나 그래프만을 볼 수 있을 뿐이었다. 나는 그것만 보아서는 실험기구의 모습을 제대로 상상하지 못했다. 실제로 몇몇 실험기구를 처음 봤을 때 내가 얼마나 놀랐는지를 생각하면 지금도 웃음이 나온다."

사르바치 선생은 리제의 능력을 인정하고, 자연과학을 공부하고자 하는 그녀의 소망을 북돋워주었다. 그 소망이 실현될 수 있을지는 마투라 시험 결과가 결정할 것이었다. 그래서 1901년 여름 마투라 시험을 치르기 위해 빈에 있는 한 황실아카데미 부설 김나지움에 들어갔을 때 그녀는 꽤나 불안해했다.

베토벤 광장에 있는 그 남자학교는 작은 성을 연상시켰다. 세 개의 육중한 정문 중 하나를 통과해서 들어가면 다시 출입을 위한 홀이 나타났다. 홀은 기둥 위에 아치형 지붕이 덮여 있어서 마치 교회당 내부처럼 보였다. 담쟁이로 덮인 중정에는 유리로 된 창문을 통해 빛이 들어왔다. 바닥은 돌로 되어 있었는데 걸을 때마다 발자국 소리가 장엄하면서도 약간 섬뜩하게 울려퍼졌다. 14명의 소녀가 시험을 쳤고, 4명만 합격했다. 합격자 중에는 필립 마이트너 박사와 그의 부인 헤드비히 마이트너의 딸도 포함되어 있었다. 리제는 드디어 대학교에서 공부를 할 수 있게 된 것이다. 그것도 거의 스물세 살이 다 되어서야! 1901년 7월 11일 엘리제 마이트너는 '대학입학 자격증'을 발급받았다.

그해 여름, 20세기도 반년이 지나갔고 핵시대가 시작되었다. 이제 물리학은 세기의 학문으로 발돋움하게 될 것이었다. 그리고 인류는 물리학으로부터 역사상 처음으로 자신을 파괴시킬 수 있는 수단을 얻게 될 것이었다. 즉 세상을 변화시킬 핵폭탄이 개발되는 것이다.

  이 모든 것은 이미 1895년에 시작되었다. 독일 뷔르츠부르크에서 발행되는 신문의 기사는 당시 사람들에게 기적이나 마술처럼 보였다. 그것은 빌헬름 뢴트겐(Wilhelm C. Röntgen)[†]이라는 남자가 11월 어느 날 나무와 금속을 통과하는 광선, 사람의 몸도 들여다

[†] 빌헬름 뢴트겐(1845~1923)은 최초의 노벨 물리학 수상자이다. 자신의 이름을 따서 붙여진 뢴트겐선을 그는 X-선이라고 불렀는데, 그 광선의 성질을 알 수 없었기 때문이다.

볼 수 있는 광선을 발견했다는 것이었다! 사람들은 뼈가 드러나 보이는 손의 사진을 믿기지 않는다는 듯이 흥분하며 들여다보았다.

뢴트겐의 광선(엑스레이)이 발견된 직후 프랑스의 앙리 베크렐(Henri Becquerel)[†]은 우라늄염이 눈에 보이지 않는 광선을 내보내고 사진판을 검게 만든다는 사실을 발견했다. 이 새로운 발견은 파리에 있던 한 여성을 사로잡았다. 그는 바로 마리 퀴리(Marie Curie)[‡]였다. 당시 퀴리부인은 박사논문을 쓰기 위해 물리·화학 대학 지하실에 있는 유리로 된 작은 실험실에서 실험을 하고 있었다. 이 여성화학자는 우라늄염이 건조하든 젖어 있든, 또는 덩어리 형태이든 가루 형태이든 상관없이 광선을 발한다는 사실을 확인했다. 따라서 이 광선은 화학적인 변화에 의해서, 예를 들어 열이나 빛을 방출하는 화학반응에 의해서 발생하는 것이 아니었다. 색다른 미지의 일이 벌어지고 있었는데, 그것은 바로 원자 스스로 광선을 방출하는 것이었다. 가장 작은 물질 단위인 원자 속에 그때까지 누구도 알아내려고 시도하지 않았던 비밀이 숨겨져 있었던 것이다.

1898년 마리 퀴리는 남편 피에르와 함께 이러한 광선을 방출하는 두 개의 새로운 원소를 발견했다. 1톤의 우라늄 광석 찌꺼기로부터 그때까지 알려지지 않았던 0.1그램의 물질을 얻는 데 성공

[†] 앙리 베크렐(1852~1908)은 프랑스의 물리학자로, 1903년 피에르 퀴리와 그의 부인 마리 퀴리와 함께 노벨 물리학상을 수상했다.
[‡] 폴란드 출신의 마리 퀴리(1867~1934)는 1911년 이 두 가지 원소의 발견으로 노벨 화학상을 수상했다.

한 것이다. 그들은 이 새로운 원소에 라듐이라는 이름을, 다른 한 원소에는 폴로늄이라는 이름을 붙였다. 또한 광선이 방출되는 현상은 방사능이라고 불렀다. 자연과학자들은 20세기 초에 처음으로 '원자에너지'라는 말을 쓰게 되었다.

내가 과연 과학자가 될 수 있을까

· 빈에서의 공부와 첫 연구 ·
1901–1907

'빈 황립대학교 철학부에 등록된 리제 마이트너'의 대학 등록부 번호는 15,316번이었다. 1901년 10월 2일 마이트너는 물리학과 수학공부를 시작했다. 그때는 이 분야에 철학도 포함되어 있었다. 그녀가 선택한 물리학은 당시 유명한 독일 물리학자였던 아르놀트 좀머펠트(Arnold Sommerfeld) 교수가 호기심 많은 학생들에게 공부 시작 전에 "주의. 붕괴 위험! 급격한 개축으로 일시적으로 폐쇄함!"이라는 경고를 해야 한다고 생각할 정도로 빠르게 변화하고 있었다.

리제 마이트너는 대학에서 접한 새로운 정신세계에 깊은 감명을 받았다. 그녀는 스스로 자부심을 느끼면서, 동시에 자신의 용기에 대해 약간의 두려움도 느꼈다.

"그 시대에 여자가 대학에서 강의를 듣는다는 것은 일상적인 일이 아니었다. 당시 빈에서는 여성 교육이 막 발달하기 시작했지만……, 나는 그것에 대해서 거의 몰랐다. 사실 지금도 잘 모르지만, 당시 나의 대학 선생들이 여성 교육을 지지했는지 그렇지 않았는지를 난 알지 못했다. 내가 말할 수 있는 것은, 당시 나는 과연 과학자가 될 수 있을 것인지 무척 불안해하고 있었다는 점뿐이다."

리제 마이트너는 1학기에 주 25시간, 2학기에 주 36시간을 등록했다. 대부분의 다른 신입생들과 마찬가지로 리제는 주당 수업 시간을 너무 많이 신청했다. 강의는 여름에는 대개 7시에 시작했고, 겨울에는 한 시간 늦게 시작했다. 점심때쯤 되면 리제는 종종 피곤해져서 강의시간에 졸다가 의자에서 미끄러지지는 않을까 걱정할 정도였다.

선생들은 리제 마이트너를 격려했다. 남학생들은 사소한 장난을 치기도 했지만, 특이한 두 여학생의 옆자리에 앉으려고 자리다툼을 하곤 했다. 리제와 함께 물리학을 공부했던 또 한 여학생은 젤마 프로이트(Selma Freud)였다.

여대생 마이트너는 처음에 수학공부에 뛰어들었다. 그녀는 가이겐바우어(Geigenbauer) 교수의 미적분학 수업을 신청해서 들었는데, 1902년 여름학기에 가이겐바우어 교수는 그녀에게 이탈리아 수학자가 쓴 논문 하나를 주었다. 그녀는 그 논문에서 오류를 발견했다.

"나에게는 가이겐바우어 교수의 상당한 지원이 필요했다……. 그러나 그가 내 이름으로 논문을 발표하라고 친절히 제안했을 때 나는 그 일이 옳지 않다고 생각했고, 불행히도 그 일로 인해 그를 영원히 화나게 만들었다. 하지만 당시 나에게는, 수학자가 아니라 물리학자가 되고 싶어 한다는 사실이 명백하게 자리 잡고 있었다."

리제 마이트너는 그 제안을 거부하는 것이 바람직하다고 생각했다. 다른 사람의 공을 빼앗아서 자기 업적으로 만드는 것은 자신의 인격을 손상시키는 일이었다. 그녀는 자기만의 독창적인 일을 할 수 있었고, 하려고 했다. 그리고 이러한 태도를 평생 동안 포기하지 않았다.

안톤 람파(Anton Lampa) 교수의 신입생 실습시간에, 이 물리학자 지망 여대생은 처음으로 실험을 했다. 실험기구들은 낡았고 연구조건도 열악했다. 리제 마이트너가 람파 교수에게 실험용 얼음을 어떻게 구할 수 있는지 묻자 교수는 무뚝뚝하게 정원에 나가서 눈을 가져오라고 말했다.

리제 마이트너는 공부를 하면서도 시간이 날 때마다 오페라공연이나 음악연주회를 찾아갔다. 그녀는 '올림프(Olymp)' 좌석표를 사곤 했는데, 빈 사람들은 맨 뒤 지붕 바로 아래에 있는 가장 윗좌석을 이렇게 불렀다. 가격이 가장 싼 '올림프'에는 일반 관객보다 진정한 음악전문가들이 많았기 때문에, 그 자리는 그녀에게 정말 음악의 하늘 같았다. 그녀는 때로는 악보를 가지고, 때로는 악보 없이 연주를 따라갔다. 키가 1미터 50센티미터 정도밖에 안 되었던 리제는 어떤 연주장에서는 '올림프'로부터 무대나 오케스트라를 제대로 바라볼 수 없었다. 계단 난간이 그녀에게 너무 높았기 때문이다.

그 사이에 마이트너의 가족은 에슬링 거리 15번지로 이사했다. 이 거리는 세기의 전환기에 세워진 높은 건물들과 직물상점들이 많은 첫번째 구역에 있었다. 길모퉁이에는 도나우 운하와 프란츠요제프 부두, 그리고 카이저바트 공원이 있었다. 집에서 터키 거리 3번지에 있는 이론물리학 연구소까지는 걸어서 20분 정도 걸렸다. 연구소까지 걸어가다 보면 증권거래소 거리로 들어가는데, 그곳에서 그녀는 증권거래소 앞을 지나갔다. 리제 마이트너는 증권가를 가로질러 슐릭 광장에 있는 로스아우어 병영의 두꺼운 벽을 따라 뛰어다녔다. 슐릭 광장의 끝에서 왼쪽으로 돌면 터키 거리가 나왔다. 터키 거리와 포석이 깔린 보도는 약간 오르막길이었다. 정신분석의 창시자 지그문트 프로이트(Sigmund Freud)는 이 터키 거리 옆에 나란히 놓여 있는 베르크 거리에서 병원을 개업했다. 거리에는 '에르빈 엥엘 공구제작소', '이그나스 빈더 시민제본소, 1887년 창업' 등의 간판이 붙어 있었다.

터키 거리 3번가에는 오래된 건물이 하나 있었는데, 이 건물은 벽면에 별다른 장식이 없이 1층과 2층 사이에 창이 앞으로 불쑥 튀어 나와 있었다. 이 낡고 변형된 건물에 자리 잡은 물리학 연구소의 경사진 강의실에는 의자들이 다닥다닥 붙어 있었다. 리제 마이트너는 강의실 입구가 마치 닭장으로 들어가는 문 같다고 생각하곤 했다. 강의를 듣는 중에도 그녀는 종종 '만일 여기서 불이 나면,

우리 대부분은 살아나가지 못할 것'이라고 생각했다. 천장의 들보는 너무 오래돼서 부스러졌는데, 한 학생은 들보의 부스러기 조각을 기념으로 보관했다. 들보는 마치 흰개미가 파먹은 것처럼 보였다. 빈 신문은 이 무너질 것 같은 강의실에 대해 다음과 같이 익살스럽게 표현했다. "또다시 터키 거리에 있는 물리학 연구소로 한 학생이 들어갔다. 이유는 실연당했기 때문이라고 한다."

  1902년 10월 어느 날 리제는 여느 때와 마찬가지로 빈의 아홉 번째 구역에 있는 물리학 연구소로 향했다. 유명한 물리학자인 루드비히 볼츠만(Ludwig Boltzmann) 교수의 취임 강의를 듣기 위해서였다. 이 천재 과학자는 라이프치히대학에서 2년간 강의를 한 후 전에 자신이 교수로 있던 빈 황립대학교로 복귀했다.

  볼츠만 교수는 옆을 짧게 자른 긴 턱수염을 기르고 있었는데, 이 턱수염이 그의 턱을 유난히 강조했다. 리제 마이트너는 볼츠만 교수를 '위대하고 어려운' 사람으로 생각했다. 그 교수의 넓고 약간 위로 솟은 코 위에는 두꺼운 유리가 부착된 작은 니켈 안경이 놓여 있었다. 볼츠만 교수는 취임식 강의에서 이미 그녀를 사로잡았다. 그의 다른 모든 강의처럼 취임식 강의도 생기 있고 명확하고, 청중을 사로잡았으며 유머와 일화로 넘쳤다. 그는 때론 익살맞게, 때로는 노골적으로 신랄하게 비판하면서 강의했다. 이 모든 표현은 그의 강의에 열광한 청중들이 만들어낸 것이다. 볼츠만 교수는 이 취임식 강의에서, 오랑우탄의 손에 들려 있던 최초의 도구인 나무망치에서 시작해서, 곰가죽을 입고 나무껍질로 된 신발을 신고 다닌 초기 인류의 발명품에 관한 이야기를 거쳐 다음과 같은 질문에 이르렀다.

"모든 문화와 기술의 진보로 인간이 더 행복해졌을까요? 이것은 사실 까다로운 질문입니다. 우리를 행복하게 만드는 메커니즘이 아직 발견되지 않았다는 것은 분명합니다. 행복은 각자 자신의 가슴 속에서 찾고 발견해야 하는 것입니다.

과학과 문명은 많은 경우 갑작스런 위험과 전염병들, 그리고 개인들의 질병을 제어하는 데 성공함으로써 행복을 파괴하는 나쁜 기운을 물리칠 수 있었습니다. 과학과 문명은 아름다운 지구를 더 쉽게 탐구할 수 있는 수단을 제공했습니다. 또 하늘의 별을 더욱 생생하게 상상할 수 있게 했으며, 자연의 영원한 법칙을 최소한 희미하게나마 예측할 수 있게 해주었습니다. 이로써 인간은 육체와 정신의 힘을 더욱 발전시키고 자연의 지배력을 넓힐 수 있게 되었습니다. 그리고 내적인 평화를 찾은 사람들은 더 향상된 삶과 완전함 속에서 이 평화를 누릴 수 있게 되었습니다."

리제 마이트너는 이론물리학자인 볼츠만 교수를 진심으로 존경했다. 그는 강의마다 그녀에게 '완전히 새롭고 경이로운 세계'를 열어보였다. 1902년부터 4년간 볼츠만 교수는 연속되는 강좌를 시작했는데, 그 강의는 주로 역학, 전기학, 자기학, 그리고 기체이론에 관한 것이었다. 그녀는 붙박이 수강생이었다. 1903년 여름학기 때 그녀는 이론역학에 관한 다섯 시간짜리 콜로퀴움에 참여했다. 볼츠만 교수는 그녀가 수업을 훌륭하게 소화해냈다고 인정했다.

　오토 프리쉬는 나이가 들어서도 이모가 볼츠만 교수의 강의에 대해 열광적으로 이야기하는 것을 들었다. 그는 "볼츠만 교수는 아마 리제 이모에게 물리학이 최후의 진실을 밝혀내는 싸움이라는 생각을 품게 만들었을 것이다. 이모는 이러한 물리학의 비전을 결코 잃어버린 적이 없다."라고 말했다. 리제는 '이상주의로 가득 찬 분위기' 속에서 물리학을 공부했던 것이다.

　세기의 전환기에 볼츠만은 원자론이 진리로 인정받을 수 있도록 아주 열심히 노력했다. 그리스어에서 유래하는 '원자'라는 단어는 '더 이상 쪼개질 수 없는 것'을 의미한다. 19세기에서 20세기로 넘어올 무렵 대부분의 화학자들은 원자란 가장 작고 변할 수 없으며, 단단한 작은 공 같은 것이라고 생각했다. 그들은 모든 원소가 특별한 형태의 원자로 이루어져 있다고 보았다. 하나의 원소를 다른 원소로 변환하고자 했던 연금술사들의 오랜 꿈은 실현될 수 없는 것처럼 보였다.

　그러나 방사능의 발견은 이러한 사고체계를 뒤흔들어 놓았다. 광선을 방출하는 원자는 단단한 공 이상의 것이어야 했으며, 원소의 주기율은 개별 원자들 사이에 규칙적인 관계가 존재한다는 것을 암시했다. 처음으로 물질의 최후 단위인 원자에 대해 체계적인 의구심이 제기되기 시작했다. '쪼개지지 않는 것'이 이제 쪼개지지 않는 것으로 여겨지지 않게 된 것이다. 리제 마이트너는 볼츠만 교수의 강의를 통해 이러한 새로운 아이디어들과 만나게 되었다.

　1906년 휴가 기간 중에 볼츠만 교수는 스스로 목숨을 끊었다.

그는 오랫동안 우울증을 앓고 있었다. '원자론자'인 그에게 가해진 가혹한 공격도 그를 자살로 몰고 간 원인이 되었을 것이다. 그는 더이상 이른바 현대물리학이라고 불리는 핵물리학의 엄청난 발전을 체험할 수 없게 되었다. 원자 내부까지 깊숙이 들어간 물리학의 여정을 그는 함께할 수 없었다. 그의 자살은 빈에 있는 물리학자 그룹에 깊은 충격을 안겨주었다. 그동안 박사가 된 리제 마이트너도 그 그룹에 속했다.

여덟 학기 동안의 학업을 마친 리제 마이트너는 1905년에 박사논문과 씨름하고 있었다. 논문 제목은 〈이질적인 물체에서의 열전달〉이었다. 그녀는 수은과 지방 혼합물이 어떻게 열을 전달하는지를 조사했는데, 이 실험을 위해 세 개의 구리판을 포개어 쌓았다. 밑에 있는 구리판과 중간 구리판 사이에는 지방층을 두었고, 작은 유리조각들로 중간과 위에 있는 구리판을 분리시켰다. 이 '열전도 기둥'은 얇은 금속 용기 위에 세워졌는데, 금속 용기로는 물줄기가 흘러갈 수 있도록 되어 있었다. 그리고 이 실험장치 전체는 두꺼운 골판지 상자로 덮어씌워졌다.

리제 마이트너는 물주전자에서 수증기를 만들었다. 그리고 관을 통해서 이 수증기를 최상층의 구리판 위에 놓여 있는 비등용기로 보냈다. 비등용기는 구리판을 가열하는 역할을 했다. 구리판층 옆면을 따라서는 온도계가 위에서부터 차례대로 세 개 꽂혀 있었는데, 그녀는 이 온도계를 이용해서 위에서부터 아래로 열이 얼마나 전달되는지 알아냈다. 그리고 네번째 온도계로 실험실의 온도를 조절했다. 지도교수는 실험 결과에 매우 만족했다. 1905년

12월 11일, 그녀는 소위 하우프트리고로줌(Hauptrigorosum)이라고 불리는 박사학위 구두시험을 '만장일치의 최우등'으로 통과했다. 공식적으로 박사가 된 날은 1906년 2월 1일이었다.

철학박사라는 호칭을 얻게 된 리제 마이트너는 빈에서 물리학 전공으로 박사학위를 받은 두번째 여학생이 되었다(동료인 젤마 프로이트도 함께 학위를 받았다). 빈대학 전체에서는 박사학위를 받은 네번째 여학생이었다. 그녀는 훗날 박사학위를 받기까지의 시간을 '학자로서의 인생에서 가장 아름다웠던 시기'로 회상했다. 또 자연과학의 세계로 입문하는 것을 '경이로운 나라'로 여행을 떠나는 것에 비유했다. 이 여행에서 그녀는 마치 동화의 세계에 매료된 아이처럼, 어디서 어떻게 그 세계로 들어오게 되었는지 묻지 않았다.

이제 막 박사가 된 리제 마이트너는 터키 거리의 무너질 것 같은 이론물리학 연구소의 한 연구실에서 연구를 계속했다. 연구실 창문은 흐리고 우울한 분위기의 교외 정원을 향해 있었다. 그 정원에는 고양이가 어슬렁거렸고 종종 거리의 악대가 최고의 예술을 선사했다. 리제 마이트너는 1906년 7월 방사능 분야에 관한 자신의 첫 논문을 선보였다. 논문 제목은 〈알파선과 감마선의 흡수에 관하여〉였다. 그리고 1년 후인 1907년 8월에는 방사능에 관한 두번째 논문 〈알파선의 산란에 대해서〉를 발표했다. 그녀에게 방사능 분야를 접하게 해준 사람은 한때 볼츠만의 조교였던 슈테판 마이어(Stefan Meyer)였다. 리제 마이트너는 훗날 이에 대해 다음과 같이 고마움을 나타냈다.

"어느 날 선생님이 제 실험실로 와서, 알파선을 측정하는 검전기를 가지고 당신의 손이 방사능에 오염되었음을 보여준 일이 있었습니다. 저는 그 기억을 잊을 수 없습니다. 빈에서의 연구 시절을 떠올릴 때마다 그때의 기억이 가장 생생하게 떠오릅니다. 그 순간은 나에게 가장 경이로운 순간이었죠. 선생님의 연구방향은 나의 연구방향을 결정하는 데 영향을 끼쳤습니다. 방사능 분야의 마술과 같은 발전을 쫓아가면서 나는 평생 동안 기쁨을 누렸습니다. 이러한 결정으로 한 평생 기쁨을 선사받은 것에 대해 선생님께 진심으로 감사드립니다."

이 젊은 여성을 강하게 끌어당긴 마법의 빛은 무엇이었을까? 방사능이 발견된 후 과학자들은 원자가 방사능을 내놓으면서 붕괴할 때 세 가지 다른 종류의 방사선이 나온다는 것을 알아챘다. 그럼에도 당시 사람들은 이 선이 어디에서 나오는지, 그리고 어떻게 발생하는지 알지 못했다. 그래서 그리스 알파벳 순서에 따라 간단하게 알파선, 베타선, 감마선이라고 이름 붙였다.

리제 마이트너는 이때 이미 방사능 분야에 흥미를 느꼈다. 그러나 여전히 이론물리학에 대한 열정이 더 강했다. 그녀는 스물여덟의 나이에 과학자가 되는 데는 성공했지만 여전히 시작 단계에 불과했다. 그녀는 더 배우고 싶어 했다. 볼츠만 교수가 없는 지금 누구한테 가서 더 연구할 것인가? 그녀는 누구보다도 먼저 노벨화학상 수상자인 퀴리부인을 떠올렸다. 퀴리부인은 파리의 소르본대학 물리학 교수로 재직하고 있었다.

"원래 나는 퀴리부인에게 가려고 했다. 그러나 다행스럽게도 그녀가 거절했다. 그렇게 되었기 때문에 나는 정말 훨씬 더 많이 배웠던 것이다. 그녀의 책은 물리학 문제들을 좀 더 화학적인 시각에서 다룬 것이었다."

프랑스로 갈 수 없게 된 리제 마이트너는 이론물리학자인 막스 플랑크(Max Plank)†를 떠올렸다. 플랑크는 베를린대학에서 가르치고 있었다. 그녀는 단지 그의 이름만 알고 있을 뿐 양자이론이나 독일대학에 대해서는 전혀 알지 못했다. 플랑크가 빈의 이론물리학 연구소를 둘러보러 왔을 때 그를 한 번 봤을 뿐이었다. 볼츠만 교수가 죽은 후 그가 볼츠만의 교수 자리를 넘겨받기로 되어 있었는데, 결국은 마지막에 이 자리를 거절하고 말았다.

리제 마이트너는 부모님에게 베를린으로 가는 것을 허락해달라고 간청했다. 그녀는 자신이 첫번째 독창적인 연구 성과를 발표했다는 것을 내세우면서 이 일을 밀어붙였다. 부모님은 딸의 유학을 반대하지 않았고, 유학 초기의 재정적 지원까지 약속했다.

동시에 리제 마이트너는 빈 근교에 있는 백열가스등 회사인 아우어사(Auer-Gesellschaft)로부터 일자리를 제안받았다. 당시에 젊

---

† 막스 플랑크(1858~1947)는 양자이론의 아버지로 1900년에 빛이 방출될 때 에너지는 작은 입자 상태, 즉 양자로 나온다는 것을 밝혔다. 이 이론과 그 후의 연구는 원자의 내부 영역을 이해하는 데 중요한 열쇠가 되었다. 플랑크는 1918년 노벨 물리학상을 수상했다.

은 여성이 산업계로부터 취업을 제안받는 것은 이례적인 일이었다. 그녀는 이 제안이 무척 자랑스러웠지만 거절했다. 베를린으로 가서 공부를 더 하고 싶었기 때문이다. 그녀의 결정은 아주 잘한 것이었다. 당시 베를린에는 당대의 유명한 과학자들이 막스 플랑크 주변으로 모여들고 있었다.

아버지는 셋째딸의 결정에 대해 "네 용기에 감탄했다."고 칭찬했다. 리제 마이트너는 베를린으로 떠남으로써 실제로 용기를 증명해보였다. 당시 사회는 리제 마이트너 또래의 여성에게 완전히 다른 것을 기대하고 있었다. 여기서 다시 동시대를 살았던 슈테판 츠바이크의 이야기를 들어보자.

"젊은 여성이 시간을 지체해서, 스물다섯이나 서른 살이 되어서도 여전히 결혼을 하지 않고 있다면, 얼마나 불행한 일인가! ……결혼을 안 하면 노처녀가 되고, 노처녀가 되면 끊임없이 놀림감이 되었다."

결혼을 하지 않은 스물여덟 살의 리제 마이트너 박사는 이 점을 조금도 개의치 않았다. 1907년 가을 그녀는 자신이 태어난 빈과 고국 오스트리아를 떠났다. "몇 학기 동안 공부하기 위해서였지만, 결국 31년을 그곳에 머물렀다."

정말 자유롭던 시절

· 베를린에서의 첫해, 목공소의 리제 마이트너와 오토 한 팀,
막스 플랑크의 학생이자 조교 ·
1907–1912

대도시 베를린에 도착했을 때 리제 마이트너는 1907년 당시의 그곳 프로이센 지역에서는 독일의 다른 지역†과는 달리 여성의 대학 입학이 허용되지 않는다는 사실을 몰랐다. 막스 플랑크는 1897년에 '여성의 학문적인 공부와 직업에 관한 능력'이라는 주제의 설문조사에서 명백히 부정적인 입장을 밝혔다. 리제는 여성의 대학교육에 관한 막스 플랑크 교수의 이런 견해에 대해서도 전혀 알지 못했다. 그리고 이러한 상태에서 오스트리아 출신 여성박사는 베를린대학의 추밀고문관 플랑크 밑으로 들어갔다.

그녀는 플랑크 교수의 강의를 수강하고 싶었다. 플랑크는 친절하게 대했지만, 동시에 겉으로 드러날 정도로 의아해했다. 그는 이

---

† 이들 다른 지역에서는 1896년 이후 여학생도 아비투어(독일의 대학입학 자격시험)를 볼 수 있었고, 1900년 이후에 여학생의 대학 입학이 허용되었다.

미 박사학위를 가지고 있으면서 무엇을 더 하고 싶으냐고 물었다.

"그에게 물리학을 진정으로 이해하고 배우고 싶다고 말했을 때, 그는 단지 친절하게 몇 마디 건넸을 뿐 더 이상 상세한 이야기는 하지 않았다. 이로부터 나는 그가 여학생을 별로 평가하지 않는다는 결론을 내렸는데, 이것은 그 시대에 분명히 들어맞는 것이었다."

그러나 이 젊은 여성 학자는 플랑크 교수에게 확실히 깊은 인상을 심어주었다. 아마 그녀의 결단성과 목표 지향적인 태도, 아니면 그녀의 순수성과 용기 또는 이 모든 것이 그를 감동시켰을지 모른다. 어쨌건 플랑크 교수는 리제를 '학문하는 여성'에 관한 그의 입장에서 '예외'로 인정했다. 그리하여 그녀에게는 플랑크 교수의 강의에 등록하는 것이 허용되었다.

리제 마이트너는 한동안 강의에 대한 실망감으로 힘들었다. 빈의 스승이었던 볼츠만은 누구나 보고 느낄 수 있을 정도로 자신의 열정을 아낌없이 드러내며 '자연법칙의 경이로움'을 설명함으로써 청중들을 사로잡았다. 그러나 볼츠만과 대조적으로 플랑크의 강의는 명확했으나 감정이 억제되어 있었다. 그녀는 그의 강의를 '약간 개성이 없고 거의 무미건조'한 것으로 느꼈고 플랑크를 매우 '비밀스러운' 사람으로 생각했다. 시간이 지나면서 그녀는 플랑크와 그의 가족들을 잘 알게 되었다. 처음으로 방엔하임 거리에 있는 그의 집을 방문했을 때, 리제는 그의 가족과 그 집의 절제된 소박함에 감동받았다. 그녀는 이내 자신이 플랑크 교수의 비밀스러운 장소로 들어섰다는 것을 알게 되었고, 얼마나 많은 사람들이 그를 제대로 알지 못하고 있는지 깨닫게 되었다. 그녀는 나중에 이렇게 회고했다.

"……그는 모든 '비밀스러운 것'과 관계없는 사람이었다. 보기 드물게 지조가 있고 신념이 뚜렷한 사람이었다. 겉으로 드러난 검소함과 소박함이 이를 보여주었다. 그는 매일 베를린 시내전차의 3등칸을 타고 강의하러 갔으며, 나이가 들어서도 이 느린 여행을 계속했다. 이런 사실은 그의 소박함을 보여주는 좋은 예가 될 것이다."

그녀는 훗날 대학에서 여성이 공부하는 것에 대한 초창기의 거센 반발을 생각할 때마다 막스 플랑크조차 그러한 견해를 가졌다는 사실을 기이하게 여겼다.

"플랑크는 동료들을 매우 주의 깊고 따뜻하게 배려하는 관찰자였다. 나는 그러한 태도를 개인적으로 자주 느끼곤 했는데, 이에 대해 항상 감사하게 생각했다. 그는 나에게 정말 많은 인간적인 이해와 성원을 보내주었다."

리제 마이트너는 베를린에서의 처음 몇 달 동안 또 다른 경우의 공부하는 여성에 대한 거대한 편견과 마주쳐야 했다. 그녀는 단지 이론물리학 강의를 듣는 것만으로는 충분하지 않다고 느꼈다. 좀 더 실제적인 면에서도 앞으로 나아가고 싶었고, 실험을 더 잘 배우고 싶었다. 그녀는 베를린대학 실험물리학연구소 소장인 하인리히 루벤스(Heinrich Rubens) 교수를 찾아가서 실험실에 연구할 자리가 있는지 문의했다. 그가 자신의 개인 연구실에 자리가 하나 남아 있으므로 리제를 받아들일 수 있다고 말했을 때 리제는 너무 놀랐다. 정숙한 여성으로서 그녀는 교수에 대해 너무나 큰 경의를 가지고 있었기 때문이다. "그때 나는 이렇게 생각했다. '어떻게 하나, 수줍음 많은 겁쟁이라 교수님에게는 한번도 물어볼 엄두를 내지 못할 텐데.'"

리제가 어떻게 루벤스 교수의 감정을 상하지 않게 대답할 수 있을까 생각하는 동안, 그 교수는 오토 한 박사가 그녀와 공동으로 연구하는 데 관심이 있다고 내비쳤다. 그는 화학자 오토 한이 리제가 빈에서 했던 연구를 알고 있으며, 현재는 방사능 분야에서 연구 활동을 하고 있고, 캐나다에서 영국의 유명한 물리학자인 어니스트 러더퍼드(Ernest Rutherford)[†] 밑에서 수학했다고 말했다. 리제는 관심이 생겼다.

    이렇게 해서 마침내 수줍음 많은 여성 물리학자와 오토 한이 만나게 되었다. 화학자인 오토 한은 리제보다 넉 달 늦게 태어났다.[†] 관습에 얽매이지 않은 자유로운 사람으로 무척 상냥해 보이는 그는 금발에 콧수염을 길렀고, 눈은 푸른색으로 반짝거렸다. 리제

[†] 러더퍼드(1871~1937)는 초기 방사능 분야 연구의 중요한 연구자이다.

는 그에게는 쉽게 물어볼 수 있을 것 같았고, 어떤 것을 이해하지 못했을 때에도 당황할 필요가 없을 것 같은 느낌이 들었다.

훗날 리제 마이트너는 오토 한과의 공동연구 초기 시절을 떠올리면서, 그것은 조금 놀라운 일이었다고 회상했다.

"어떤 화학자가 자발적으로 젊은 여성 물리학자와 함께 연구하고 싶다고 말했다. 물론 그가 물리학을 정말 잘 써먹을 수 있을 거라는 생각에서 그랬을 수도 있다. 그렇지만 진짜 이유가 무엇이었는지 나는 정말 모른다. 여자아이와 함께 연구한다는 것에 그가 흥미를 느꼈는지도 모르겠다. 아마 그랬을 수도 있을 것이다."

그녀는 오토 한의 제안에 대해 8일 동안 생각할 시간을 달라고 요청했다. 오토 한 역시 그가 일하는 연구소 소장인 에밀 피셔(Emil H. Fischer)[†]와 상의해야 했다. 피셔는 연구소 안이나 강의실에 여학생이 있는 걸 견디지 못하는 것으로 유명했다. 청소부만이 유일한 여자로서 연구소의 출입이 허락되었다.

오토 한은 이 까다로운 문제에 대해 피셔와 상의했다. 예상한 대로 피셔 교수는 이 조교에게 "나는 어떤 경우에도 여성들과 함께

[‡] 오토 한은 1879년 3월 8일에 프랑크푸르트에서 태어났다. 1879년은 아인슈타인과 막스 폰 라우에(Max von Laue)가 태어난 해이기도 하다. 막스 플랑크는 언젠가 농담조로, 이 해는 물리학과 화학을 위해 예정되었으며, 리제 마이트너만 '호기심이 강한 소녀'로서 시간을 기다리지 못하고 1878년에 세상에 나왔다고 말한 적이 있다.
[†] 에밀 피셔(1852~1919)는 독일의 화학자로, 1902년 노벨 화학상을 수상했다.

무슨 일을 도모하지 않을 거야."라고 소리쳤다. 그러나 피셔는 결국 "그녀가 지하실에서 연구하고 어떤 경우라도 연구실로 들어오지만 않는다면 괜찮다."고 양보했다.

리제 마이트너가 피셔를 만났을 때, 그는 여학생에 대한 자신의 반감은 화학연구실에서 한 러시아 여학생과 관련된 좋지 않은 경험을 한 후부터 생겼다고 설명했다. 그 여학생은 매우 이국적인 머리 스타일을 하고 있었는데, 피셔가 늘 염려하던 대로 그녀의 머리카락에 실험용 가스버너의 불이 붙었던 것이다. 피셔는 결국 남녀로 이루어진 공동연구에 동의했다. 리제가 연구소에 나타나지 않겠다고 동의했기 때문이다. 그녀의 연구는 이른바 목공소 안에서만 이루어져야 했다. 그 방은 원래 목수 한 명이 작업하도록 설계된 작은 공간이었다.

그 지하실 방의 유일한 '장식'은 나무공작용 밑판이었다. 그리고 소박한 설계용 책상과 측정기기를 놓아두는 길고 무거운 참나무 책상이 하나 있었다. 오토 한이 1906년에 이미 이 목공소를 제대로 된 작은 실험실로 바꾸기 시작했기 때문에 다행스럽게도 독자적인 출입구가 있었다. 그 덕분에 리제 마이트너는 피셔 교수의 요구조건을 만족시킬 수 있었다. 물론 여자화장실은 없었다. 이것이 피셔 교수가 여학생을 허락하지 않은 또 다른 이유였다! 리제는 필요할 때마다 가까이에 있는 음식점의 화장실을 이용했다.

오늘날의 관점에서 보면 분명히 여성을 무시하는 태도였지만, 그녀는 저항하지 않았다. 훗날 리제의 동료가 된 프리츠 슈트라스만(Fritz Straßmann)[†]은 그 이유를 이렇게 설명했다.

"리제 마이트너가 이러한 조건을 고통스럽게 느끼고 베를린에 머물기를 중단했더라도, 그것은 인간적으로 충분히 이해할 만한 일이었을 게다. 그러나 그녀는 평생 자존심과 개인적인 감정보다 늘 그 순간에 몰두하고 있는 연구 과제를 우선적으로 생각했다……."

당시 리제는 베를린에서 더 진전된 연구를 하려면 목공소에서 오토 한과의 공동연구 기회를 이용해야 한다는 것을 충분히 잘 알고 있었다. 그러나 연구소 출입금지에 대해서만은 정말 화가 났다.

"그때 나는 오토 한에게 말했다. 당신이 밑으로 내려와서 연구소에서 실험한 것에 대해 말하지만, 그것만으로는 화학을 배울 수 없다. 나는 아무것도 볼 수 없기 때문이다."

이 오스트리아 여성은 배움에 대한 열망으로 종종 강의실의 높이 올라간 좌석 밑에 있는 목재로 된 빈 칸 속으로 기어들어 갔다. 그녀는 그곳에 숨어서 강의를 들었고, 실험실에서는 체계적으로 방사능 화학 분야를 연구했다.

많은 과학사가들은, 뒤돌아보았을 때 리제 마이트너가 차별 대우

---

† 프리츠 슈트라스만(1902~1980)은 독일의 화학자로 1935년부터 리제 마이트너와 오토 한과 함께 연구했다. 제2차 세계대전 이후 마인츠에 있는 막스 플랑크 연구소 교수로 재직했고, 1953년부터는 마인츠의 요하네스 구텐베르크 대학교 화학부 학부장을 맡았다.

를 받고 목공소로 유배된 것이 특별한 행운이었다고 평가했다. 정확하게 1907년 11월 28일, 리제 마이트너와 오토 한은 그곳에 공동연구의 초석을 놓았고, 그로부터 31년이 지난 후 핵분열을 이끌어냈기 때문이다. 훔볼트대학 입구 왼쪽 옆에 있는 석판에는 선구적인 핵과학자 두 사람을 기념하는 글이 다음과 같이 쓰여 있다.

> 이 건물 지하의 전에 목공소로 쓰이던 곳에서
> 라듐연구자인 오토 한과 리제 마이트너는
> 1906/07년에서 1912년까지 중요한 발견을 통해
> 자연과학의 발달에 기여했다.

　이 화학자와 물리학자는 서로 다른 전공분야와 일하는 방식을 통해서 처음부터 서로 잘 보완했다. 오토 한은 매우 직관적으로 일했고, 매우 뛰어난 실험과학자였다. 이에 반해 리제 마이트너는 매우 비판적이고 체계적으로 사고했으며, '왜'라는 질문을 더 많이 했다. 리제와 잘 알고 지냈던 오스트리아의 핵물리학자 베르타 카를릭(Berta Karlik) 교수는 이 팀을 "뛰어난 화학자와 깊이 파고드는 물리학자가 만난 이상적인 연구팀이었다."라고 평가했다.

　1908년 12월에 높은 분이 목공소를 찾아왔다. 유명한 영국인 물리학자 러더퍼드 교수가 스웨덴에서 노벨화학상을 수상한 뒤 자신의 제자인 오토 한을 방문한 것이다. 오토 한은 그에게 동료를 소개했다. 러더퍼드는 놀라서 소리쳤다. "나는 당신이 남자인 줄 알았습니다." 리제 마이트너는 당시를 다음과 같이 기억했다.

"그는 매우 놀랐다. ······그다음에 나는 러더퍼드 여사가 장난감 사는 것을 도와드려야 했다. 그녀는 베를린에 있는 모든 마차 운전사가 영어를 할 것이라고 기대했다. 당시 나는 영어를 못했지만, 말을 약간 전달할 수 있을 정도는 되었다."

한-마이트너 연구팀은 그 분야에서 곧 유명해졌다. 그들은 연구를 시작한 지 1년 안에 연구논문 세 편을 발표했다. 그중 하나는 1908년에 발표된 것으로, 방사능 붕괴가 일어날 때 생성되는 물질인 '악티늄 C'에 관한 논문이었다. 1909년에는 여섯 개의 다음 연구논문을 발표했다. 그들은 계속해서 베타선 전 분야와 또 다른 방사선 붕괴물질인 '토륨 D'에 대해 연구했다. 리제 마이트너는 당시를 다음과 같이 이야기했다.

"우리는 그때 토륨 D를 발견했다. 이에 대해 (동료 과학자인) 베이어는 그건 나 혼자 발표했어야 했다고 말한 적이 있다. ······오토 한역시 나에게 그런 말을 전해주었다. ······아주 나중에 한은 어떤 글에서 그 연구를 나 혼자서 했다고 썼다. 하지만 그때 우리는 모든 것을 공동으로 발표했다. 한은 나보다 훨씬 더 잘 알려져 있었다. 그것은 한이 나쁜 의도를 가지고 있었기 때문이 아니라, 그런 것에 대해 생각조차 하지 않았기 때문이다."

오토 한이 리제 마이트너의 공동연구원이었던 것처럼 리제도 한의 공동연구원이었다. 그러나 그녀는 처음부터 밖으로 드러날 때와 공적인 자리에서 '한의' 공동연구원으로 더 많이 알려졌다.

그들이 목공소에서의 연구를 통해 학문적인 첫 성과를 거둔 후 피셔 교수는 힘닿는 대로 젊은 두 과학자를 지원해주었다. 연구팀은 목공소 옆에 두번째 공간을 얻었는데, 그곳은 특별히 화학실험을 위한 장소로 사용되었다. 피셔 교수는 방사능화학 분야에 대해 더 이상 의심을 품지 않았고, 프로이센의 대학들이 여학생의 입학을 규정한 새로운 시대의 법률도 받아들였다. 여학생이 대학에 들어갈 수 있게 된 것은, 리제 마이트너가 베를린에 온 지 1년 반이 지나서였다. 피셔 교수는 여자용 화장실을 짓도록 했으며, 여성 물리학자들이 남학생들의 공간에 들어올 수 있도록 잇달아 허락했다. 그러나 그녀가 오토 한과 걸어갈 때 남학생들은 단지 "한 선생님, 안녕하세요."라고만 인사할 뿐이었다.

그즈음 리제 마이트너는 그녀보다 세 살 어린 엘리자베트 쉬만(Elisabeth Schiemann)[†]을 알게 되었다. 두 사람의 우정은 오래 지속되어서 50년 넘게 편지를 주고받았다. 쉬만은 1909년 그들이 만났을 때를 다음과 같이 회상했다.

"우리의 만남은 베를린 전차 안에서 즉흥적으로 이루어졌다. 그녀는 화학연구소에 있는 목공소로, 그리고 생물학자인 나는 근처에 있는 농업대학으로 각각 일하러 가면서 늘 같은 길을 이용했기 때문

[†] 엘리자베트 쉬만은 1881년에 태어났고, 리제 마이트너보다 4년 더 산 후 1972년 베를린에서 사망했다. 그녀는 생물학 교수가 되어 베를린에서 재배식물연구소 소장으로 일했다.

이다. 연구 분야가 아주 다르고 성격도 달랐지만, 우리는 곧 단단한 우정의 끈으로 묶일 수 있었다. 리제 마이트너는 나의 부모님 집을 가족처럼 드나들었고, 어떠한 가족 축제나 행사에도 빠지지 않았다. 리제는 한과 젊은 물리학자들과 함께 하는 점심식사 자리에 나를 데리고 갔고, 우리는 모두 친구가 되었다. 그리고 그 우정은 우리 삶에 늘 함께했다. 일요일에는 함께 도보여행을 다니곤 했는데, 티롤 지역의 높은 산만 봐왔던 그녀는 이를 통해서 아름다운 (베를린 남부) 매르크 지역의 풍경과 하얀 모래도 좋아하게 되었다."

쉬만도 리제와 같은 경로로 대학에 들어왔다. 즉 개인교습을 통해 대학입학 자격을 땄었고, 또 대학에 입학하기 전에 교사 시험에 통과했다. 그리고 리제 마이트너와 만난 직후에 역시 박사학위를 받았다. 1912년 리제는 '친애하는 엘리자베트'에게 보내는 편지에서 여전히 '당신'이라는 존칭을 쓰고 있다. 이 여성 물리학자는 시골에서 휴가 중인 친구에게 다음과 같이 편지를 썼다.

"당신은 일자리가 있고 활기 넘치는 도시가 필요합니다. 우리 모두 그렇겠지요. 삶의 한 부분은 확실히 합리적이어야 합니다. 그러나 대부분의 사람들이 일반적으로 그러는 것 이상으로 시골에서 더 많은 시간을 보낼 필요가 있습니다. 나는 항상 더 자유로운 자연 속에서 사람들이 더 잘 살 수 있다고 생각해왔습니다. 물론 사람들이 북적되는, 거의 도시나 다름없는 요양장소는 여기에 해당되지 않습니다."

리제 마이트너는 자연을 사랑했고 산책을 '자연과학자의 신성한 의무'로 여겼다. '신성한'이란 단어는 우연한 것이 아니고 그녀의 종교적 입장과 관계 있는 것이었다. 그녀는 1908년 9월 고향을 방문했을 때 유대인 공동체를 탈퇴하고 같은 달 빈에서 개신교 세례를 받았다. 이로써 그녀는 거의 서른이 다 될 무렵 자신이 개신교도라는 사실을 공식적으로 확인했다. 실제로 그녀는 개신교 교육을 받았고, 결코 유대교를 믿은 적이 없었다.

하지만 그녀는 열성적인 기독교인은 아니었다. 그녀는 세계의 모든 종교에 관심을 가지고 있었다. 조카인 프리쉬는 이모 리제를 "비록 무신론은 받아들이지 않았지만 매우 관용적인" 여성이었다고 기억했다. 리제 마이트너는 자신의 종교적 견해를 간접적으로 밝힌 적이 있었다. 위대한 과학자 막스 플랑크를 위한 개인적인 추도사에서 그녀는 그의 종교관에 대해 언급했다. 그때 리제는 그의 〈자연과학과 종교〉 강연에 나오는 다음과 같은 두 가지 입장을 인용했다.

"경이로운 일은, ……자연에서 일어나는 모든 일에는 우리가 알아낼 수 있을 정도의 보편적인 법칙이 지배한다는 것이다."

"그 어떤 것도 자연과학의 세계 질서와 종교의 신을 서로 동일시하는 것을 막지 못한다."

리제 마이트너 역시 플랑크와 비슷하게 느끼고 있었을 것이다.

친구인 엘리자베트에게 쓴 편지에서 그녀는, 숲속에 앉아서 이 아름답고 조화로운 세계의 작은 한 부분으로 자신을 느낄 수 있다는 것이 얼마나 아름다운 일인지 이야기했다.

베를린에서 지낸 첫해에 리제 마이트너는 기숙사에서 검소하게 보냈다. 부모님이 부쳐주는 돈으로 생활해야 했기 때문이다. 그녀는 주로 빵과 커피를 먹었는데, 1908년 가계부에 기록된 사항은 그때의 생활을 잘 보여준다.

>1월 9일 담배 0.20
>알루미늄 1.60
>점심 0.95
>1월 11일 점심 0.95
>빵 0.10
>달걀 0.32

1월 12일에는 34마르크를 주고 외투를 샀다. 2월 3일에는 2마르크짜리 콘서트티켓을 구입했다. 그녀는 베를린에서도 시간이 날 때마다 음악회에 갔다.

리제 마이트너는 목공소에서 저녁 8시 직전까지 연구했다. 그런 다음 그녀나 오토 한이 근처 가게로 달려갔다. 가게가 문을 닫는 8시 전에 햄조각이나 치즈를 사야 했기 때문이다. 오토 한의 회상에 따르면 사온 것을 함께 먹은 일은 한 번도 없었다. "리제 마이트너는 집으로 갔고, 나도 집으로 갔다. 그런데도 우리는 서로 절친한 사이였다." 리제는 토요일마다 열리는 동료들의 카페 모임에 참석하지 않았다. 아마도 돈을 절약해야 했기 때문일 것이다. 또 '조신한 딸'에게는 어울리지 않는 일이라고 생각했기 때문일지도 모른다. 그 대신 그녀는 플랑크의 집에서 베를린의 동료들을 만났다.

"플랑크는 유쾌하고 남에게 강요하지 않는 교제를 좋아했다. 그의 집은 그러한 교제의 중심이었다. 뛰어난 청중과 물리학 조교들이 거의 정기적으로 방엔하임가로 초대받았다. 여름학기에 초대되면 정원에서 달리기 시합을 했다. 플랑크는 어린아이처럼 열심히 그리고 민첩하게 달렸다. 그에게 잡히지 않는 사람은 거의 없었다. 한 사람을 붙잡을 때마다 그는 무척 만족스러워했다."

리제 마이트너는 베를린에서 한과 그의 스승을 통해 베를린 물리학자 그룹과 빠르게 접촉했다. 그녀는 처음부터 유명한 '수요 콜로퀴움'에 나갔다. 이 모임은 1907년 이래 지식인들에게 아주 특별한 만남의 장이 되어 있었다. 그들은 당시에 진행되고 있던 모든 새로운 자연과학의 연구결과를 수요일의 콜로퀴움에서 강의하고 토론했다. 리제는 천문학, 물리학, 화학 분야의 강의를 듣고, 자신이 이 모든 것을 배울 수 있다는 것을 특별한 일처럼 느꼈다. 정작 그녀 자신은 심한 수줍음으로 거의 한마디도 하지 않았다. 대부분 강의를 조용히 경청했다. 이 토론회에는 그녀의 선생들과 그 선생들의 조교들이 참여했다.

"그들은 유달리 활기찬 젊은 과학자들이었으며, 지금은 거의 모두 세계적으로 유명한 과학자가 되었다. 나는 곧 이 모임의 일원으로 받아들여졌다. 이 모임은 내게 인간적으로, 그리고 학문적으로 큰 도움이 되었다."

리제 마이트너는 베를린에만 있지 않고, 과학자들의 최고 학회가 개최하는 두 회의에도 참가했다. 첫 회의는 고국 오스트리아의 잘츠부르크에서 열렸다. 1909년 이 학회에서 마이트너 박사는 베타선에 관한 '두 개의 소논문'을 발표했다. 늘 그렇듯이 그녀는 대중들 앞에서 수줍어했다. 특히 강당에 물리학계의 대가들이 앉아 있어서 더욱 긴장할 수밖에 없었는데, 그 가운데에는 알버트 아인슈타인(Albert Einstein)[†]도 있었다. 또 초보자 실험시간에 밖에 나가 눈을 가지고 오라고 시켰던 안톤 람파 교수도 있었다.

람파 교수는 이전의 여제자를 아인슈타인에게 소개했다. 그때만 해도 아인슈타인은 그다지 잘 알려진 인물이 아니었다. 그녀는 아인슈타인이 그의 묘비에도 새겨진 유명한 $E=mc^2$ 공식을 소개하는 것도 보았다. 아인슈타인의 발표는 그녀의 기억 속에 지워지지 않고 남았다. $E=mc^2$은 에너지는 질량과 광속의 제곱의 곱과 같다는 것을 의미한다. 아인슈타인은 방사선 분야에서 이 공식의 의미

[†] 알버트 아인슈타인(1879~1955)은 당시 스위스에서 연구하고 있었고, 1914년부터는 카이저빌헬름 물리학연구소 소장이 되어, 베를린에서 살면서 연구했다. '물리학의 교황'인 아인슈타인은 1921년 노벨 물리학상을 수상했다.

를 설명했다. 그녀는 이 공식에 대해 많이 이해하지는 못했으나 이 새로운 견해에 '압도당하고 놀랐'다.

리제 마이트너는 훗날 $E=mc^2$의 원리에 기초해서 핵이 분열할 때 발생하는 에너지의 양을 계산했다.

1910년 9월 리제 마이트너는 브뤼셀에서 열린 제1회 국제 라듐회의에 참가했다. 그때 방사능 단위가 '퀴리'로 명명되었는데, 그 이름의 제공자는 물론 퀴리부인이었다. 노벨수상자인 퀴리부인이 리제 마이트너에게 이렇게 말했다. "당신은 논문을 몇 편 발표했는데도 아직 소녀처럼 보입니다." 리제는 불어로 대답했다. "그렇지만 저는 이미 서른 살이 넘었어요." 퀴리부인은 "사람들은 그렇게 보지 않는 걸요."라고 대답했다. 베를린에서 온 여성 물리학자는 퀴리부인이 '매우 상냥하다'고 느꼈다. 그러는 가운데 위대한 퀴리부인과 리제 마이트너는 연구 분야뿐만 아니라 운명적인 결합처럼 보이는 그들의 생일에 대해서도 이야기를 나누었다.

우리가 이미 알고 있듯이 엘리제 마이트너의 공식적인 생일은 1878년 11월 17일이다. 그런데 그녀의 마지막 학교증명서에서는 갑자기 '7' 앞에 있는 '1'이 사라져버렸다. 1908년 세례증서에서는 '1'이 다시 나타났지만, 그녀는 그 후 영원히 그 숫자를 잃어버렸다. 리제 마이트너는 줄곧 퀴리부인과 같은 날 자신의 생일을 축하했다. 1878년 11월 7일은 모든 참고문헌과 발표논문, 그리고 조문에도 그녀의 생일로 소개되었다. 아마도 관청 수습사원의 부주의로 11월 17일이 11월 7일이 되었을 수 있다. 우리는 그 진실을 알 길이 없지만 이러한 우연은 거의 예언과도 같았다. 왜냐하면 훗날 리제 마이트너는 여성과학자로서 '독일의 퀴리부인'이라는 별칭을 얻었기 때문이다.

1912년 가을까지 리제 마이트너는 오토 한과 목공소에서 연구했다. 그러는 동안 그녀는 방사능에 오염되었다. 두 사람 다 두통과 현기증을 느끼고 있었다. 그녀는 빈에 있는 가족을 방문할 때마다 창백해 보이는 자신을 염려하는 가족들을 안심시켜야 했다. 건강상 아무 문제가 없다고 그녀는 아버지를 확신시켰다.

베를린에서의 첫번째 연구기간이 끝난 후, 리제 마이트너의 논문목록에는 22편의 자랑스러운 논문제목이 들어 있었다. 그 논문들은 오토 한과 다른 동료들과 함께, 또는 리제 혼자 저술한 것이었다. 리제는 훗날 피셔 교수의 목공소에서 연구하던 시간을 '가장 행복했던 시절'이라고 말했다.

"우리는 연구가 잘 될 때면 함께 노래를 불렀다. 주로 브람스의 곡이었다. 오토 한은 노래를 아주 잘 불렀다. 나는 단지 흥얼거리기만 했다. 우리는 가까이 있는 물리학 연구소의 젊은 동료 과학자들과 인간적으로, 그리고 학문적으로 좋은 관계를 유지했다. 그들은 우리를 자주 방문했는데, 종종 정상적인 길이 아닌 목공소 창문으로 들어오곤 했다. 그때 우리는 젊었고 삶을 즐겼고 걱정거리가 없었다. 아마 정치적으로도 걱정거리가 없었던 같다."

걱정 없던 이 천진한 시절은 새로 세워진 카이저빌헬름 연구소

로 이사하면서 끝이 났다. 그곳에서는 모든 것이 훨씬 더 '무거웠다.'

어떤 나쁜 마음도
지니지 않았던 여성 물리학자

· 베를린의 카이저빌헬름 연구소, 제1차 세계대전, 새 원소의 발견,
오토 한과의 공동연구가 끝남 ·
1912-1920

1912년 10월 12일, 황제 빌헬름 2세는 베를린의 달렘에 와서 카이저빌헬름 화학연구소 개소식을 직접 주관했다. 방사능화학의 작은 분과를 맡은 오토 한은 암실에서 붉은 빛이 나는 방사선을 황제에게 보여주었다. 황제는 뒤에 겸손하게 서 있던 리제 마이트너에게도 몇 마디 친절한 말로 인사를 건넸다. 이 여성 물리학자는 황제도 베를린 사투리로 말하는 것을 듣고 놀랐다.

자연을 사랑하는 리제 마이트너는 새로운 직장의 주변 환경을 좋아했다. 연구소의 모퉁이 망루에는 가죽투구 모양의 지붕이 놓여 있었다. 연구소 앞에는 넓은 옥수수밭이 물결치고, 첼렌도르프 맞은편인 남쪽으로는 풍차가 여기저기 서 있는 그림 같은 넓은 평지가 펼쳐졌다. 카이저빌헬름 화학연구소와 그 옆의 프리츠 하버(Fritz Haber)† 연구소 사이의 구역은 특히 아름다웠다. 한 화학자가 색소연구를 위해 튤립, 국화, 달리아 등 색깔이 화려한 꽃들을 이

구역에 심어놓았기 때문이다.

리제 마이트너는 무보수의 객원 연구원 자격으로 오토 한의 분과에서 일했다. 오랜 시간이 흐른 뒤에야 그녀는 조교 월급을 받았다. 그리고 1897년 당시 정신적인 아마존 여전사를 강력히 반대했던 막스 플랑크 교수는, 이 오스트리아 출신 물리학자를 말하자면 프로이센대학에서 최초의 여자 조교로 만들었다. 리제 마이트너는 훗날 이것을 '학문적 경력의 시작' 이라고 불렀다. 그녀는 이 직책에 대해 다음과 같이 말했다.

"조교라는 직책은 많은 과학자들에게 학문적인 일자리로 들어가게 해주는 여권과 같았다. 조교는 여성 학자에 대한 당시의 편견을 불식시키는 데 도움이 되었다."

막스 플랑크의 조교가 된 후 리제 마이트너는 많은 일을 했다. 그녀는 거의 300명이나 되는 학생들의 연습문제 과제를 고쳐주어야 했다. 처음에 플랑크 교수는 토요일에 세미나를 열었다. 그녀는 일요일을 희생했다. 정확하게 화요일 오후 4시 30분에 고친 과제물을 들고 플랑크 교수의 집으로 가기 위해 그녀는 월요일에도 일했다. 이렇게 조교 일을 하면서 물리학 지식도 더 견고하게 다졌

---

† 독일의 유대인 화학자 프리츠 하버(1868~1934)는 암모니아의 합성 생산을 통해 알려졌으며, 제1차 세계대전 때 독가스 전문가가 되었다. 1918년 노벨 화학상을 수상했으며, 1933년 독일을 떠났다.

다. 조교로서 사적인 시간을 거의 가질 수 없다는 사실도 물리학에 대한 그녀의 열의를 방해하지는 못했다. 물리학은 그녀의 삶이었고, 앞으로도 계속 그럴 것이었다.

"모든 진정한 학자들과 마찬가지로, 나에게도 학문적 연구는 기쁨이자 자극이며 즐거움이다. 연구결과가 위험하게 응용될 수 있다는 가능성에 대해 생각할 필요 없이 특히 순수하게 학문적으로 연구할 때 더욱 그러하다."

1913년 리제 마이트너는 당시 오스트리아에 속해 있던 프라하에서 유혹적인 제안을 받았다. 장래에 교수가 될 가능성이 있는 강사 자리를 제안해 온 것이다. 그러자 연구소가 그녀의 연구에 대한 외부의 이러한 공개적인 인정에 반응하기 시작했다. 리제 마이트너는 오토 한과 똑같이 카이저빌헬름 연구소의 연구원으로서 무기한 고정된 월급이 보장된 직위를 얻을 수 있었다. 결국 서른다섯 살의 여성 물리학자는 베를린에 남기로 결정했다.

오토 한도 그해에 중요한 결정을 했다. 2년 전부터 알고 지낸 예술대학생 에디트 융한스와 3월에 결혼식을 올린 것이다. 당시 빈에 머물고 있던 리제 마이트너는 화학자 오토 한에게 딱 맞는 축하전보를 보냈다.

"삶은 우리 학문의 벽 저 너머에서도 많은 것을 만들어냅니다. 앞으로도 오랫동안 우리의 이 새로운 관계가 더욱 활동적으로 지속되기를 바랍니다."

리제 마이트너와 오토 한의 목공소 시절은 그의 결혼식 직전에 끝이 났다. 오토 한은 다음과 같이 말했다.

"우리는 연구소 밖에서 서로의 공통 관심사에 대해서는 이야기를 나눌 수 없었다. 리제 마이트너는 조신한 딸로 교육받은 것에 대해 완전히 만족해했고, 매우 내성적이었고 수줍음을 많이 탔다."

리제 마이트너는 결혼하지 않았다. 그녀는 종종 그 이유에 대해 질문받았지만, 불편한 기색을 보이지 않았다. 젊은 남성들이 그녀에게 구애하지 않았을까? 조카 프리쉬는, 그녀에게 이런 질문을 한 남자친구를 이해 못하겠다는 표정으로 쳐다보던 리제를 기억했다. "이 사람아, 나는 사랑하는 사람을 위해 시간을 쏟을 여유가 없었다네." 그녀의 이런 대답은 애교적인 표현이 아니라 진심이었을 것이다. 리제는 동료인 제임스 프랑크(James Franck)†의 딸에게도 자신이 결혼이나 아이 문제에 대해 얼마나 많이 생각하는지를 설명한 적이 있다. 그녀만 예외적으로 결혼하지 않은 것은 아니었다. 친구인 엘리자베트 쉬만도 결혼을 하지 않았다. 1965년 쉬

---

† 제임스 프랑크(1882~1964)는 독일 물리학자로 베를린에서 교수 생활을 했다. 1918~1920년에 카이저빌헬름 연구소 물리화학 분야 책임자로 일했으며, 그 후 괴팅겐에서 교수로 재직하다가 1933년에 가족과 함께 미국으로 이주했다.

만은 리제 마이트너에게 보내는 편지에서, 친척의 결혼문제를 이야기하다가 다음과 같이 덧붙였다.

"결혼은 쉬운 일이 아닌 것처럼 보인다. 결혼을 하는 것은 그 어떤 경우에도 우리가 그랬던—그럴 수밖에 없었던?—것처럼 결혼을 포기하는 것보다 더 쉽지 않다."

'그럴 수밖에 없었던' 이라는 질문 뒤에는, 리제 마이트너와 그녀의 친구 엘리자베트가 사회의 통념으로 볼 때에는 이미 이른바 최적의 혼기를 놓쳤을 때 대학을 마쳤다는 사실이 숨어 있었다. 두 사람 모두 박사학위에 만족하지 않았다. 그들은 여성과학자가 되고자 했다. 그래서 그들은 최소한 남자 동료들만큼 부지런하게, 그리고 훌륭한 연구를 해야 했다. 리제 마이트너는 종종 남자 동료들의 부인들을 가련하다는 듯이 쳐다봤다. 그녀는 밤낮으로 실험실에 앉아 있는 물리학자나 화학자와 결혼해서 사는 것보다 어떤 것이 정말 더 아름다운 일인지 상상할 수 있었을 것이다. 만약 리제가 평범한 한 남자와 결혼했더라면, 그는 분명히 리제를 아내로서 받아들이기 힘들었을 것이다. 퀴리부인을 비롯한 수많은 여성과학자들이 동료 과학자를 남편으로 맞은 것은 결코 우연한 일이 아니었다.

그러나 리제 마이트너는 결혼과 관련해서는 위대한 퀴리부인을 따르지 않았다. 한-마이트너 팀에서 한-마이트너 부부는 되지 않았다. 이 오스트리아 출신 여성 물리학자는 남자 동료와의 공동연구를 통해서 그와 '진정한 우정'으로 묶인다고 느꼈다. 그 이상도 그 이하도 아니었다.

리제 마이트너가 1913년부터 일하기 시작한 연구소는, 새로 설립된 카이저빌헬름협회에서 과학을 진흥하기 위해 세운 최초의 연구소 가운데 하나였다. 이 협회는 국가와 산업체로부터 동시에 재정지원을 받아서 기초과학 연구를 육성했다. 과학자들은 이상적인 연구조건이 뒷받침된 시설이 좋은 실험실을 사용하게 되었고, 재정적 지원 또한 충분했다. 리제 마이트너는 대기업의 대표가 자신에게 순수한 과학적 관점에서 연구해야 한다고 늘 강조했던 것을 기억한다. 그녀는 이 말을 "산업체에서는 실용적인 실행기술이, 말하자면 자동적으로 생긴다는 것을 알고 있었던 것"이라고 해석했다.

리제 마이트너는 과학자인 자신에게 제공된 가능성들을 기꺼이 받아들였다. 그것은 '자유로운 과학'이었고, 그녀에게 이 과학은 '자유롭게 숨을 쉬는 것'과 똑같은 것으로 보였다. 그녀는 종종 값비싼 방사성 제품을 주문할 때 양심의 가책을 느끼곤 했다. 순전히 연구를 위해서 이렇게 많은 돈을 쓰는 것이 과연 바람직한 일일까? 그러나 막상 연구를 할 때면 이러한 양심의 가책은 다시 사라졌다.

하지만 이제 막 시작된 그녀의 평화로운 연구생활은 제1차 세계대전이 일어나면서 방해를 받게 되었다. 1914년 6월 28일, 오스트리아 황태자인 프란츠 페르디난트와 그의 부인이 사라예보에서

암살당했다. 이 사건은 이미 오래전부터 심화되어 온 열강 사이의 위기에 불을 붙였다. 당시 열강은 복잡한 동맹협정으로 서로 연결되어 있었다. 얼마 지나지 않아 러시아, 프랑스, 영국이 한쪽 편에 서고, 그 반대편에서 오스트리아, 헝가리, 독일이 동맹을 맺어 위기가 고조되었다.

결국 전쟁이 발발하자 리제 마이트너의 동료인 오토 한은 군대에 합류해야 했다. 그녀는 베를린에 머물면서 정기적으로 방사능 실험 진행상황을 편지로 그에게 알렸다. 또한 그녀는 베를린에 있으면서 오스트리아군이 전쟁이 발발한 바로 그날 모든 러시아 군인을 사살하지 않았다는 비난에 대해 변호를 하기도 했다. 그녀는 신문에서 일반적인 소식만을 접할 뿐이었다. 물론 어떤 사람도 실제로 무슨 일이 일어났는지 정확히 알지 못했다. 매일 불안감만 커져갔다.

1915년 7월 리제 마이트너도 전쟁터로 나갔다. 방사선 담당 간호사로 자원한 것이다. 그녀는 조국 오스트리아를 위해 무엇인가 해야 한다고 느꼈다. 전쟁은 실험실에 있던 퀴리부인도 불러냈다. 물론 그녀는 다른 편 전선으로 갔다. 퀴리부인은 최초의 방사선 자동차를 지원하기 위해 모금운동을 했고, 자신의 열일곱 살 된 딸 이렌과 몇몇 의사들과 함께 부상자를 돕기 위해 그 자동차를 타고 전선으로 향했다. 리제 마이트너는 전선으로 떠나기 전에 빈에서 콜레라 예방접종을 했다. 그리고 그곳에서 이미 군대에 간 남동생 한 명만 빼고 다른 형제들을 모두 만난 후, 220명의 건장한 남자들로 구성된 부대와 50명의 간호사, 10명의 의사와 함께 모든 병원 장비를 실은 긴 열차를 타고 마침내 빈을 떠났다. 지금은 우크라이나에 속해 있지만 당시에는 오스트리아 제국의 일부였던 갈리치엔의 수도 렘베르크까지는 60시간 이상이 걸렸다. 전방에 있는 병원에 방사선 설비가 완전히 갖추어질 때까지 간호사 리제는 수술실 보조원으로 일했다. 1915년 8월 초에 그녀는 친구인 엘리자베트 쉬만에게 첫번째 편지를 썼다. 그 편지는 거의 여덟 장에 달할 만큼 길었다.

"아, 엘리자베트, 난 지금 여기에서 본 것이 너무 무서워서 이게 현실처럼 느껴지지 않을 정도야. 기껏해야 불구자로밖에 살 수 없는 불쌍한 사람들이 처참한 고통을 겪고 있어. 끔찍한 부상을 보고 있으면 그들의 고함소리와 신음소리도 듣지 못한단다. 오늘은 팔과 다리에 심한 부상을 당하고도 눈물을 흘리며 고통 앞에서 노래 부르고 있는 불쌍한 한 남자를 보았어. 이 사람을 오래도록 잊지 못할 것 같아. 최전방에서 불과 40킬로미터밖에 떨어져 있지 않기 때문에 이곳으로 오는 부상병들은 최악의 상황이지. 그나마 나는 그들이 여기로 온다는 사실을 위안으로 삼고 있어. 어떤 사람이든 지금 이곳의 모든 장면을 지켜보면 전쟁에 대해서 자신의 견해를 갖게 될 거야."

그곳에서 리제 마이트너는 새벽 6시에 일어났다. 아침에 서너 번의 수술을 보조하고, 점심시간 때까지 30명 이상의 부상자들에게 붕대를 감아주었다. 오후에는 수술도구를 세척하고 장비를 수선했다. 마침내 9월 초에 방사선실이 갖추어지자, 10월에는 200회 이상의 방사선 촬영을 했다. 세찬 추위를 몰고 겨울이 닥쳤다. 영하 7~8도의 추위 속에서 리제는 처음으로 손발에 동상이 걸린 군인들을 봤다. 그녀를 가장 힘들게 한 것은 부상자들을 개인적으로 돌볼 수 있는 시간이 늘 부족하다는 것이었다. 그러나 그것은 그녀 능력 밖의 일이었다. 그럼에도 사람들이 고마움을 표시할 때마다 그녀는 오히려 '부끄러움'을 느끼곤 했다. 리제는 스스로 지원했기 때문에 특히 힘들었다. 건강상으로는 아무 문제가 없었으나 몸무게는 여전히 50킬로그램 정도밖에 되지 않았다.

"종종 내 능력으로는 어찌해볼 수 없는 일이 일어난단다. 모든 환자들의 생명을 구하기 위해 노력하지만, 죽은 사람을 살리려고 애쓰는 것처럼 상황이 절망적일 때도 있어. 의사가 환자를 침대에 똑바로 눕혀놓고는 죽음을 교묘하게 속여넘긴 그림형제의 동화를 알고 있어? 종종 나는 그 이야기에 대해서 생각해야 해. 왜냐하면 나는 그런 불쌍한 환자가 죽은 모습을 보기 전에는 실제로 죽었다는 사실을 결코 믿지 않으려 하기 때문이야." (1915년 12월 22일. 엘리자베트 쉬만에게 보낸 편지)

전쟁이 2년째 되던 해에 리제 마이트너는 전방에서 크리스마스를 맞았다. 그녀는 동료들과 함께 파티를 준비했다. 그동안 열한 개의 병실에서는 1000명 이상의 환자들이 간호를 받고 있었다.

그들은 병실마다 크리스마스트리를 세우고 크리스마스 선물을 두었다.

처참한 전쟁의 무게로 인해 리제 마이트너는 자신의 직업과 과학 연구의 의미를 잊어버리게 되었다.

"내가 한때 연구했고 또 앞으로 다시 연구하게 될 물리학이라는 학문은, 이전에도 결코 그랬던 적이 없고 앞으로도 존재하지 않을 것처럼 내게서 멀리 떨어져 있습니다. 침대에 누워서도 바로 잠을 이룰 수 없는 밤이면 나는 종종 물리학에 대한 향수를 느낍니다. 그렇지만 지금 나는 매일 환자만을 생각할 뿐입니다." (1915년 10월 15일. 오토 한에게 보낸 편지)

크리스마스 직전에 그녀는 엘리자베트 쉬만에게도 다음과 같이 편지를 썼다.

"나는 물리학을 사랑하고, 내 삶에서 물리학이 존재하지 않는다는 것은 생각하기 힘들어. 물리학에 대한 내 사랑은, 많은 신세를 진 사람에 대한 개인적인 사랑과도 같아. 나는 양심의 가책으로 참 많이 괴로워하지만, 어떤 나쁜 마음도 없는 물리학자일 뿐이야"

리제 마이트너는 1916년 여름부터 프라하-카롤리넨탈에 있는 적십자병원에서 일했다. 그곳에서는 할 일이 별로 많지 않았기 때문에 리제는 처음에 배치된 렘베르크에서와는 달리 자신이 그다지 필요한 것 같지 않다는 생각이 들었다. 더욱이 '의사선생님들'은 그녀를 자유롭게 두지 않고, 이 여성 물리학자를 '미운 경쟁자'로 생각했다. 의사들은 독일어를 할 줄 알았고 간호사 리제가 체코말을 못한다는 것을 알고 있었지만, 그들의 보조자에게 방사선 촬영을 해달라고 요청할 때는 체코말로만 했다. 이 여성 물리학자는 간혹 '그 남자 선생들'을 단지 쳐다보는 것만으로도 그들의 대화를 독일어로 계속하게끔 만들었다. "그러나 이런 일과 관련해서 나는 욕심이 거의 없었다." 사람들과의 이런 관계 속에서 그녀는 진지하게 생각했다.

"이제는 ······베를린에 있는 카이저빌헬름 연구소로 돌아가는 것이 내 의무가 아닌가 하는 생각을 해. 나는 한동안 정말 내 희망을 옆으로 제쳐놓으려고 노력했기 때문에, 이제 연구소로 돌아가는 것이 내 의무라고 말하고 싶어. 내가 민일 희망하는 대로 했다면 이미 오래전에 베를린에 있었을 거야. 중대한 결심을 하기 위해서는 몇 주는 족히 필요할 것 같아. 이 결정이 빨리 이루어진다면, '내 영혼을 치료하는' 데 정말 더 좋을 텐데. 사람이 오랫동안 불만족스러운 관계 속에 있으면 너무 가혹해져서 정의롭지 못하게 될 수도 있을 것 같아. 나는 이 마지막 몇 주 동안 너무도 많은 비열함과 추함을 목격했어." (1916년 8월 27일. 엘리자베트 쉬만에게 보낸 편지)

불만족스러운 작업환경 때문에 리제 마이트너는 며칠간 휴가를 얻었을 때 '어떠한 양심의 가책도 느끼지 않고' 베를린으로 떠났다. 그녀는 달렘에 있는 연구소로 돌아와서 전쟁 전에 오토 한과 공동으로 시작했던 연구를 계속했다. 화학자 오토 한과 물리학자 리제 마이트너는 오랫동안 주기율표의 91번째 빈자리를 채울 수 있는 물질을 찾고 있었다. 방사선을 방출하면서 악티늄 원소를 만들어내는 원소를 찾고 있었던 것이다.

오토 한은 처음부터 독가스전을 준비하는 특수부대에서 군복무를 수행했다. 그곳에서 그는 다른 동료 과학자들을 만났고, 베를린에서는 프리츠 하버의 연구소에서 전쟁에 사용될 독가스를 연구하고 실험했다. 그 연구소가 리제 마이트너와 오토 한의 작업장 바로 옆에 있었던 까닭에 그는 종종 리제를 만났고 자신만의 실험을 위한 연구시간을 가질 수 있었다.

무시무시한 독가스를 막을 수 있는 가스마스크는 리햐르트 빌슈태터(Richard Willstätter) 교수가 개발했다. 리제 마이트너는 그가 연구소 앞에 심어놓은 화려한 색의 꽃들을 좋아했다. 독가스 개발에는 카이저빌헬름 화학연구소의 거의 모든 분과가 참여했다. 오토 한과 리제 마이트너의 방사선 소분과만이 그 일에서 제외되어 순수 과학연구를 할 수 있었다. 베를린에서는 이러한 상황이 예외가 아니었다. 거의 모든 독일 대학들도 마찬가지였다. 대부분의 과학자들이 애국심에서 자신들의 지식이 독가스전이나 다른 군사적 목적으로 사용되는 것에 대해 저항하지 않았다. 독일은 아주 일찍 이 무시무시한 독가스전으로 승리를 맛보았다. 1915년 4월 독가스가 최초로 프랑스 국경에서 실험적으로 사용되었고, 다른 전선에서도 독가스가 잇달아 투입되었다. 독일의 반전론자들은 깜짝 놀랐다.

제1차 세계대전은 현대화된 무기가 도입된 최초의 전쟁이었다. 당시에는 화학이 그 무기를 제공하는 역할을 했고, 제2차 세계대전에서는 물리학이 그 역할을 했다. 제1차 세계대전 당시 그것은 독가스였고, 제2차 세계대전에서는 핵폭탄이 될 것이었다. 지금과 마찬가지로 당시에도 이 새로운 무기를 찬성하는 논거가 있었다. 그것은 이 새로운 무기가 전쟁을 더 빨리 종식시킬 수 있고, 더 많은 죽음을 막을 수 있다는 주장이었다.

제1차 세계대전 당시 한과 함께 같은 독가스 부대에서 복무했던 제임스 프랑크는 핵폭탄에 대해서는 이러한 위험한 주장을 거부했다. 그는 유명한 프랑크 보고서에서 가공할 만한 파괴력을 지닌 핵무기의 투입을 반대했다. 미래의 국제적인 핵 군비경쟁을 예측했기 때문이다.

리제 마이트너는—어쩔 수 없이—카이저빌헬름 화학연구소가 군사적 목적을 위한 작업장으로 바뀌어간다는 사실에 대해 많은 고민을 했다. 1917년에 오토 한은 그녀에게 달렘으로 돌아와서 영구히 남지 않으면 그들의 공동분과 역시 전쟁연구를 위해 편입될 것이라는 내용의 편지를 썼다. 결국 리제는 그의 충고를 따랐다. 그렇지 않으면 프로탁티늄 연구를 위해서 설치된 실험도구들이 해체되고, 그들의 오랜 연구 또한 물거품이 되고 말 상황이었기 때문이다.

연구소에서는 리제에 대해 반발도 있었다. 달렘으로 돌아온 리제 마이트너는 그녀가 오스트리아인이기 때문에 독일의 이해관계를 제대로 파악하지 못한다는 비판을 들어야 했다. 리제는 군사적 목적을 위한 연구를 어느 정도까지 저지하는 게 정당한지 확신이 서지 않았다.

"내가 이 문제에 대해 막스 플랑크 교수에게 조언을 요청했을 때, 그는 학문적인 연구를 지속하는 것이 옳은 일이라고 단호하게 말했다. 그의 조언은 실용적인 관점에서뿐만 아니라 인간적인 면에서도 큰 도움이 되었다."

전쟁 중임에도 불구하고 리제 마이트너와 그녀의 동료 오토 한이 연구를 지속한 것은 확실히 보람이 있었다. 1918년 초, 리제 마이트너는 한에게 연구결과를 발표할 수 있다는 편지를 보냈다. 그녀는 그 후 열흘 동안 아침 8시 30분부터 저녁 8시까지 실험실에서 더 연구한 후에 확신을 갖게 되었다. 91번 원소를 발견한 것이다. 그들은 이 원소를 프로탁티늄이라고 명명했다. 그것의 원소기호는 Pa가 되었다. 이 연구를 통해서 리제 마이트너와 오토 한은 널리 이름이 알려지게 되었다. 연구결과는 〈악티늄의 선구물질, 반감기가 더 긴 새로운 방사선 원소〉라는 제목으로 세상에 나왔다.

리제 마이트너는 프로탁티늄에 대한 이 새로운 연구결과를 유명한 수요 콜로퀴움에서 소개했다. 오토 한이 여름휴가 중이었기 때문이다. 그녀는 한에게 보내는 편지에서 사람들의 평가를 다음과 같이 전했다.

"……우리의 연구는 정말 성공적이었습니다. 비록 내가 어리석게 또다시 수줍어하긴 했지만, 사람들의 평가를 본다면 선생은 내가 침착하게 강의했다고 생각할 것입니다. 선생이 그곳에 없어서 다행이었습니다. 만약 선생이 내 강연을 봤다면 분명히 불평했을 겁니다. ……내가 수줍어하자 플랑크가 친절하게 농담을 해주고 아인슈타인이 호의적으로 심리적인 배려를 해주며 그 상황을 모면할 수 있도록 도와주었습니다. 이 두 사람은 내가 연구결과를 명확하게 전달할 수 있을 것이라고 나를 진정시켰습니다."

그해 여름 독일의 군사적·경제적 상황이 더욱 악화되었고, 결국 이로 인해 1918년 11월에 혁명이 일어나고 말았다.

11월 말에 리제는 엘리자베트에게 보내는 긴 편지에서 독일의 정치적 상황에 대해 설명했다. 황제는 이미 망명을 서두르고 있었고, 베를린에서는 칼 리프크네히트가 '자유 사회주의 공화국'을 선포했다. 리제는 당시에 다수 사회당으로 불린 사회민주당을 지지했다.

"사랑하는 엘리자베트에게

네 편지의 많은 질문에 상세히 답하기 전에 네가 먼저 고려해주면 하는 것이 있어. 그것은 내가 예전부터 민주주의 쪽으로 강하게 기울고 있었다는 사실이야. 그러면 너도 나의 입장을 이해할 수 있을 거야.

네가 개인적으로 독일 귀족, 특히 호엔촐레른 왕가가 사라지는 것을 고통스럽게 생각한다는 것은 이해할 수 있어. 그렇지만 전쟁 전과 전쟁 진행 중에 외교정책과 국내정책에서 독일이 저지른 엄청난 실수는 시스템이 잘못되었다는 것을 너무나 명백하게 보여주고 있어. 말하자면 오직 한 사람이 수백만 명의 운명을 결정한다는 것, 더욱이 어떠한 책임도 지지 않고 그렇게 한다는 것은 그 자체로 끔찍한 일이야…….

10월에 보수주의자 말고도 군주 독재를 유지하기 위해서 황제의 퇴위를 인정하지 않았던 나쁜 독일인들이 있었지. 당시에 다수 사회당은 황제 퇴위가 강제된 것으로 보이지 않을까 염려하느라 퇴위를 명백하게 요구하지 못하는 처지였어. 11월 4일인가 5일에는 〈포베르츠〉(Vorwärts: 독일 사회민주당의 기관지—옮긴이)에 황제 퇴위에 관한 또 다른 기사가 나왔지. 이 기사는 점잖고 품위 있는 논조로 이 문제를 다루었는데, 나에게는 적잖은 기쁨을 주었단다. 그 기사는, 자신들의 견해에 동조하지 않는 사람들이 황제 퇴위에 대해 생각하는 것이 얼마나 어려운 일인지 사회주의자들은 충분히 이해하고 있다고 쓰고 있어. 그리고 황제가 국민을 희생시킨 일을 다시 한 번 상기시키면서 조만간 국민의 대다수가 군주 독재체제를 공격한 사회주의자들의 편에 서게 될 것이라고 예측하고 있지…….

나는 최근에 '프롤레타리아와 지식인이여 단결하라(Proletarier und Intellektuelle vereinigt euch)'는 제목을 내건 한 집회에 갔었어. 대표연사는 에두아르트 베른슈타인(Eduard Bernstein)[†]이었는데…… 그의 연설은 정말 감동적이었어. 그는 노동자들이 정신노동자와 결합할 필요가 있으며, 모든 시민계급이 프롤레타리아와 마찬가지로 무조건적으로 그들의 권리를 누릴 수 있어야 한다고 강조했어. 또 오직 하나의 정의와 민주주의가 있을 따름이며, 프롤레타리아 독재는 자본주의와 군국주의처럼 비판의 대상이 된다고 지적했지……. 나는 독일인의 냉정함과 질서를 사랑하는 정신에 대한 믿음을 가지고 있어. 이것은 우리에게 도움이 될 거야. 그렇지만 시민계급 역시 그들의 의무를 수행해야 하고 여성도 마찬가지라고 생각해. 아그네스가 여성들을 대상으로 한 선언문을 작성했어. 물론 서명하지 않은 것인데, 우리는 이것을 모든 계층에 널리 퍼뜨리려고 시도하고 있어. 사랑하는 엘리자베트…… 내 견해가 왜곡되었다고 생각하더라도 개의치 않았으면 해. 나는 진정으로 객관적인 진실을 찾기 위해 노력하고 있어. 그 진실이 내 희망에 부합하든 그렇지 않든. 나는 네가 정치적으로 나와는 다른 쪽으로 기울어져 있다는 것을 늘 염두에 두고 있어…….

-너의 진실한 친구 리제"

1919년에 체결된 베르사유 조약으로 독일제국은 마침내 끝이 나고, 바이마르 공화국이 시작되었다.

리제 마이트너의 학문적 업적은 그녀가 카이저빌헬름 연구소에서 독자적인 방사능물리 분과를 맡은 1918년부터 인정을 받았고 또 보

---

† 에두아르트 베른슈타인(1850-1932)은 사회민주주의 이론가이다.

상받을 수 있었다. 오토 한은 방사능화학 분과를 계속 맡았는데, 단지 연구비를 배분할 때에만 둘은 한-마이트너 분과로 통합되었다.

재정 지원이 부족했던 목공소 시절과 혼란스러웠던 전쟁이 끝난 후, 리제 마이트너는 새로 만들어진 분과의 책임자가 되어 최초로 자신만의 거처를 마련할 수 있었다. 그리고 처음으로 충분한 돈을 벌었다. 그녀는 계속해서 방을 돌아다니며 '물리학'을 가지고 커튼 등의 물건들을 살 수 있다는 사실에 즐거워하고 놀라워했다.

리제 마이트너는 손님들을 집으로 즐겨 초대했다. 많은 사람들 앞에서는 부끄러움을 많이 타고 수줍음이 심해서 그녀는 소수의 좋은 사람들과 친구들 속에서 활기를 찾고 이야기도 많이 하면서 유머감각을 키우기도 했다.

다음의 일화는 당시 리제의 모습을 잘 보여준다. 몇 년도인지는 정확하지 않지만 리제 마이트너의 생일을 축하하는 날이었기 때문에, 날짜는 어쨌든 11월 7일이었다. 그녀는 몇몇 동료들을 집으로 초대했다. 그중에는 덩치가 크고 뚱뚱한 화학자 오토 폰 베이어(Otto von Baeyer)도 있었다. 그는 몇 해 동안 자기 발을 본 적이 없다고 스스로 말할 정도로 뚱뚱했다. 손님들이 파티를 연 이유를 묻자, 리제는 그제서야 자기 생일이라고 말했다. 그 말을 듣고 베이어가 "우리 한 가지 거래를 할까요? 나에게 당신 나이를 말하면, 나도 내 몸무게를 말할게요."라고 제안했다. 리제는 잠시도 주저하지 않고 총알이 발사되듯 곧장 이렇게 대답했다. "그건 공정한 거래가 아니죠. 당신은 더 날씬해질 수 있지만, 저는 더 젊어질 수 없으니까요."

리제는 작은 사교적 모임보다 단 둘이 이야기하는 것을 더 좋아했다. 둘이서 이야기할 때면 수줍음과 떨림 뒤에 있는 또 다른 리제 마이트너가 드러났다.

"리제 마이트너를 개인적으로 만나는 사람은 그녀와 이야기하는 동안 받은 강한 인상을 오래도록 잊지 못한다. 날카로운 이해와 비판적인 정신, 그리고 대단한 집중력이 그녀를 돋보이게 했다."

물리학 교수인 베르타 카를릭은 리제의 "……명확한 사고 과정을 추구하는 노력과 꾸밈없이 진실을 해명하려는 열정적인 욕구"에 깊은 인상을 받았다고 말했다.

이 모든 특성은 과학 연구에 임하는 리제 마이트너의 강인함을 의미하는 것이었지만, 개인적인 교제를 힘들게 만드는 면도 있었다.

리제는 자기 자신과 다른 사람들에게 높은 수준을 요구했다. 그녀는 사람의 성격과 특성을 잘 판단했는데, 그것이 긍정적이든 부정적이든 사람들에 대한 자신의 판단을 숨기지 않았다. 비록 그녀와 가까운 사람이라고 할지라도 말이다. 그녀는 굳이 없는 말을 만들어서 하지 않았다. 이러한 성격 탓에 그녀는 자신이 무뚝뚝하게 보일 수 있음을 알고 있었다. 그래서 그녀는 오토 한이 없을 때—그녀가 이야기하듯이—자신에게 상당히 비우호적인 연구소 방문객을 어떻게 맞는지에 대해 한을 안심시켜야 했다.

"선생은 내가 연구소 방문객에게 주인의 의무를 제대로 하지 못한다고 미리 결론 내려서는 안 됩니다. 난 정말 한(Hahn) 스타일의 애교스러움을 개발했습니다."(1918년 6월 23일)

그러나 이러한 엄격함 가운데서도 리제는 다른 사람들에게 깊이 관심을 갖곤 했다. 그녀는 평생 동안 주위 사람들과의 우정을 소중히 여겼다. 우정은 그녀의 개인적인 삶에서 중요한 한 부분을 형성했는데, 그녀는 편지를 자주 썼다.

목공소 시절이 지난 후 원자핵에 대한 상이 근원적으로 바뀌고 있었다. 방사능과 핵물리학 분야는 믿을 수 없을 정도로 급속히 발전했다. 큰 실험실에서는 거의 매달 놀랍고 새로운 연구결과를 내놓았다. 1911년 러더퍼드는 원자핵을 발견하고 원자모델을 개발했다. 그 모델은 양전기(+)를 띤 조그만 핵 주위를 음전기(-)를 띤 전자가 그룹지어 둘러싸고 있는 것이었다. 2년 후에는 덴마크의 과학자 닐스 보어(Niels Bohr)†가 이 발견을 완성시켰다. 그는 원자를 행성체계의 축소판과 비교했다. 여기서 전자는 특정 궤도를 회전하고 있고, 다른 궤도로 넘어갈 수 있다.

고전물리학의 법칙은 이 새로운 원자의 세계에 들어맞지 않았다. '보어의 원자모델'은 태양이 지구 주위를 회전하는 것이 아니

---

† 닐스 보어(1885~1962)는 덴마크의 물리학자로, 1922년 원자구조에 대한 연구로 노벨 물리학상을 수상했다.

라 지구가 태양 주위를 회전한다고 밝힌 16세기 천문학자 코페르니쿠스의 발견처럼, 세계에 대한 사고 틀을 근원적으로 변화시켰다. 물리학이 생각하고 발견해야 할 새로운 것들이 많다는 사실은 리제 마이트너만 매료시킨 것이 아니었다. 미래학자 로버트 융크(Robert Jungk)는 이를 다음과 같이 표현했다.

"거의 모든 시대마다 특히 천재들을 끌어당기는 인간적인 사고와 창조의 분야가 있다. 그것은 어느 날 갑자기 일어나며, 누구도 어떻게 일어났는지 알 수 없다. 땅이 새롭게 막 열리기 시작한 곳의 맨 앞에서 그 문을 연 사람만이 그것을 느낄 수 있다. ……제1차 세계대전이 끝난 후에는 핵물리학이 이러한 흡인력을 갖게 되었다. 천재적인 철학자, 재능 있는 예술가, 일상정치에 혼란을 느끼는 정치인, 가장 멀리 있는 대륙까지 탐구된 지구에서 더 이상 정복할 곳을 찾지 못한 모험가들이 핵물리학으로 모여들었다. 보이지 않는 가장 작은 것을 탐구하는 연구에서는 아직도 발견하지 못한 것이 많아, 새로운 것이 열리리라는 희망이 있었다. 누구나 새로운 법칙의 자취를 쫓을 수 있었다. 예전에는 누구도 생각한 적이 없는 것을 생각하고, 누구도 본 적이 없는 것을 볼 수 있다는 희망이 있었다. 두려움 섞인 황홀함을 느낄 수 있었던 것이다."

여성과학자의 형성기

· 교수, 학문적인 성공, 그리고 첫 수상 ·
1920-1933

카이저빌헬름 연구소에서 자신만의 분과를 구축한 직후, 리제 마이트너는 20세기의 가장 중요한 과학자 한 사람을 알게 되었다. 1920년 5월 28일, 덴마크의 닐스 보어가 베를린에 있는 독일 물리학자협회에서 강연을 했다. 하지만 리제와 그녀의 동료들은 이 '원자모델의 아버지'가 말하는 것을 거의 이해하지 못했다. 그들은 '진담 반 농담 반으로' 보어를 하루 동안 달렘에 초대하기로 결정했다.

그런데 그들은 이 모임에 이미 교수가 된 물리학자는 포함시키지 않기로 했다. 리제 마이트너는 막스 플랑크를 방문하는 임무를 맡았다. 그녀는 추밀고문관인 플랑크에게 그의 집에 머물고 있는 보어만을 그들 모임에 초대하고 싶다고 설명해야 했다.

그것 말고도 해결해야 할 문제가 또 있었다. 전쟁 직후라 먹을 것이 충분하지 않았던 것이다. 제임스 프랑크는 프리츠 하버를 방문해서, 하버가 자신의 학생과 조교를 위해 만들어 놓은 세미나실을 모임을 위해 이용할 수 있는지 문의했다. 물론 하버는 모임에 참여할 수 없었다. 그는 이른바 '우두머리' 격인 교수였기 때문이다. 하버는 이를 승낙했고, 다음날에는 '우두머리 없는 콜로퀴움'의 모든 참여자들을 자택으로 초대하는 영광을 누리게 해달라고 청하기까지 했다. 이때 그는 다만 점심식사에 아인슈타인은 참여할 수 있기를 원했다.

보어와의 만남은 아주 성공적이었다. "보어의 강의는 믿기 어려울 정도로 놀라웠다. 보어는 우리들의 어리석은 질문 하나하나에도 대답하려고 진정으로 애썼고, 그런 그의 노력은 우리에게 도움이 되었다."고 리제 마이트너는 기억했다. 그녀는 '우두머리' 라는 단어를 즐겨 사용했는데, 이렇게 인상적인 날을 기억할 때도 그랬다. 국제원자력기구 회장을 지낸 시그바드 에크룬드(Sigvard Eklund)[†]는 리제가 높은 사람들과 식사를 할 때나 차를 마실 때, 여러 차례 "저 사람은 우두머리였다."고 말한 적이 있음을 기억했다.

리제 마이트너는 1920년 당시에도 수줍음을 많이 타서 덴마크 출신 닐스 보어를 제대로 사귀지 못했다. 그러나 1년이 지난 후에는 상황이 바뀌었다. 리제가 베타선과 감마선에 대한 강의를 위해 코펜하겐을 방문한 것이다.

[†] 시그바드 에크룬드는 리제 마이트너의 스웨덴 망명시절에 리제를 알게 되었다.

"당시에 독일 과학자들은 모든 국제 과학회의에서 엄격하게 배제당했고, 그 때문에 무척 힘들어했다. 그런 가운데 보어는 독일인들을 국제회의에 다시 참여시키기 위해 애썼다. 그는 나에게 전쟁과 영국에서의 경험담을 많이 이야기해주었다. '우리는 슬픈 일이든, 즐거운 일이든 태양 아래에 있는 모든 것에 대해 이야기했다'라는 말을 덧붙이면서."

"내가 떠날 때 마가레테(보어의 부인)가 플랫폼으로 배웅 나왔고 닐스도 곧 올 것이라고 말했다. 보어는 마지막 순간에 장미꽃 한 다발을 들고 달려왔다. 그는 여행하는 사람에게 주는 가장 어리석은 선물이 장미일 거라고 말했다. ……내 인생에서 진정으로 특별한 사람을 알게 되었다. 당시 보어와 함께했던 기억은 여전히 강렬하게 남아 있다."

그 유명한 우두머리 없는 콜로퀴움이 열렸던 해에, 여성들도 마침내 프로이센에서 교수가 될 수 있는 권리를 획득했다. 1920년 2월 21일 이와 관련된 규정이 의결되었는데, 그때 리제는 이미 마흔 살이었다. 그녀와 같은 나이의 모든 남자 동료들은 오래전에 교수자격을 취득했다.† 오토 한 역시 1907년 여름부터 교수자격을 가지고 있었다! 리제 마이트너는 여성학자들에 대한 불이익을 알

---

† 독일에서 당시에 교수가 되려면 교수자격취득(Habilitation), 사강사(Privatdozent)를 거쳐야 했다.

고 있었다.

"제1차 세계대전이 끝난 후에야 비로소 여성들에게 교수자격취득이 인정되었다. 괴팅겐의 유명한 수학자 다비트 힐버트(David Hilbert)는, 1917년 자신의 뛰어난 조교인 에미 뇌터(Emmy Noether)의 교수자격 취득을 관철시키려고 애썼다. 힐버트의 제안은 동료교수들에 의해 강력히 저지당했고, 그는 동료교수들을 비웃으며 소리쳤다. '여러분, 대학의 학부는 목욕탕이 아닙니다.' 이 말은 훗날 종종 인용되었다."

리제 마이트너는 실제로 1919년부터 이미 '교수'라고 불렸다. 그러나 진짜 교수직함을 가지고 있었던 것은 아니다. 왜냐하면 라틴어로 '베니아 레겐디(venia legendi)'라고 불리는 진짜 교수직은 학생들 대상의 강의 권리를 갖는 것이기 때문이다. 1922년 베를린 대학 철학부는 지금까지의 연구 성과에 근거해서 리제 마이트너에게 강의할 수 있는 권리를 부여했다. 그녀는 교수자격 취득 과정을 거치지 않고 사강사가 되었다. 그러나 통상적으로 행해지는 취임강의는 해야 했다. 그녀는 10월에 〈우주적 과정에서 방사능이 지니는 의미〉라는 주제로 강연했다. 이 강연을 취재한 한 기자는 여성이 우주를 언급하는 것이 적절하지 않다고 판단하여 '우주적(kosmisch) 과정'이라는 단어를 '화장술(kosmetisch) 과정'으로 간단히 바꾸어버렸다.

1923년 여름학기에 리제 마이트너는 첫 강의를 했다. 그러나 그로부터 또다시 4년이 지난 1926년 3월 1일에야 비로소 공무원 신분의 정교수가 아니라 '별정직' 여교수가 되었다는 공문을 손에 쥘 수 있었다. 그녀와 동일한 능력을 지닌 남자 동료들과 비교할 때, 이 교수직의 수준은 너무도 낮았다. 남자 동료들은 그 사이에 모두 정교수가 되었다.

리제 마이트너 교수는 1933년까지 대학에서 강의했다. 그 후 그녀는 다시 침묵하게 되는데, 이번에는 여성이라는 이유가 아니라 유대인이라는 이유 때문이었다. 나치는 그녀의 교직을 박탈했다.

이러한 변화는 1920년에 이미 감지되었다. '독일 자연과학자 연맹'은 유대인인 아인슈타인과 그의 상대성이론을 공격하기 시작했다. 특히 하이델베르크 출신의 노벨상 수상자인 물리학자 필립 레나르트(Philipp Lenard)는 아인슈타인을 지독하게 비판했다. 히틀러 치하에서 레나르트는 확실한 반유대주의자였다. 레나르트는 '독일 물리학'에 관한 네 권으로 된 책을 출판했는데, 그 책에서 그는 아리아계 물리학자만을 소개했다. 아인슈타인은 1920년에 베를린의 한 일간지에 반유대주의 '자연과학자'를 비판하는 글을 실었다. 아인슈타인이 사회를 향해 발언한 것에 대해 동료들은 기분 나쁘게 생각했다. 리제 마이트너도 이 논쟁을 함께 경험했다.

"신문에 게재된 아인슈타인의 비판 기사는 남부 독일의 아주 중요한 물리학자 몇 명을 화나게 했다. 그들은 아인슈타인에게 레나르트에게 사과할 것을 요구했다. 플랑크는 아인슈타인이 독일에 머물기를 바랐기 때문에 그의 성격에 맞게 객관적인 해결책을 찾고자 했다. 내 기억으로는 1921년(사실은 1920년)에 남성 과학자들만이 참여한 나우하임의 한 회의에서, 레나르트가 상대성이론을 공격했고 아인슈타인은 그 공격을 반박했다. 그 회의 전날 저녁에 나는 플랑크와 함께 있었다. 플랑크는 레나르트와 아인슈타인 사이의 분쟁이 이성적으로 조정되기를 학수고대하며, 아인슈타인을 잃지 않기 위해 무엇이든 할 것이라고 강조했다. 그는 레나르트를 진정시키기 위해 적절한 설명서를 작성했고, 그 문서에 서명할 준비가 되어 있다고 말했다. 다음날 회의에서는 플랑크가 의장을 맡았다. 회의가 시작되자마자 상대성이론을 반대하는 한 과학자가 발언을 요청했고, 신문에 실린 기사에 대해서 말하기 시작했다. 플랑크는 그 문제는 이 회의와 관련이 없다고 날카롭고 단호하게 말한 뒤, 연사에게서 발언기회를 빼앗았다. 그는 주위 사람들에게 늘 상냥했지만 필요할 때는 서슴지 않고 날카로운 비판자가 되었다. 레나르트와 아인슈타인의 분쟁은 아무런 결론도 이끌어내지 못했다. 그리고 어쨌든 아인슈타인은 1932년까지는 독일에 머물렀다."

리제 마이트너는 아인슈타인과 개인적으로도 알고 지냈다. 그 천재적인 과학자는 사적으로는 '추밀고문관'인 막스 플랑크와 달리 격식을 덜 차리고 솔직하게 그녀에게 다가왔다. 동료 물리학자들은 종종 리제가 아인슈타인보다 플랑크를 훨씬 더 높게 평가한다고 그녀를 비판했다. 그녀는 자신을 변호해야 했다. 리제 마이트너는 "보어와 아인슈타인은 플랑크보다 훨씬 더 깊게 사고한다. 나는 이 사실을 분명하게 알고 있다."고 말했다. 그럼에도 그녀에게는 추밀고문관이 더 가깝게 느껴졌다. 플랑크와 마이트너는 '인간적인 일'에 대해 비슷하게 반응했기 때문이다.

아인슈타인은 종종 기자들도 초청해서 질문을 받았다. 하지만 언론에 대해 겁이 많은 이 여성 물리학자는 아인슈타인의 이런 행동을 전혀 이해할 수 없었다. 한번은 아인슈타인이 베를린에 있는 자택에서 기자들과 인터뷰를 했는데, 기자들이 돌아간 후 리제는 아인슈타인에게 그 시간이 아깝게 느껴졌다고 말했다. 그러자 아인슈타인은 "리제 씨, 과학자도 살아야 하고 거리의 청소부도 살아야 합니다. 그리고 기자들 역시 살아야 합니다."라고 대답했다.

아인슈타인은 리제 마이트너의 연구를 높이 평가했다. 그래서 유명한 프랑스 여성 노벨상 수상자의 이름을 따서, 리제 마이트너를 '우리의' 또는 '독일의 퀴리부인'이라고 부를 정도였다. 1924년 그녀는 원자선이 방출될 때 베타선이 감마선보다 먼저 나온다는 것을 증명했다. 그리고 바로 이 연구를 통해서 자신의 전문분야에서 확실한 인정을 받았다.

감마선은 X-선과 비교될 수 있다. 이에 반해서 알파선과 베타선은 각각 양극과 음극을 띠는 소립자로 구성되어 있고, 방사선 붕괴 때 원자핵으로부터 튀어나온다. 리제 마이트너는 다음과 같이 설명했다.

"알파선과 베타선은 속도가 매우 빠르기 때문에(가장 빠른 총알의 속도보다 2만 배에서 10만 배 이상 더 빠르다) 굉장히 큰 에너지를 보유한다. 이 사실은 측정기계를 극도로 세밀하게 하면 그 작용을 통해 단 하나의 알파입자 또는 베타입자를 증명하는 것이 가능하다는 것을 말해준다. 바꾸어 말하면, 그 소립자를 볼 수 있게 만든다는 것이다. 막 눈이 내린 곳에 생긴 스키자국이, 스키어가 그곳을 달렸다는 것을 알려주는 것처럼."

리제 마이트너는 이 매혹적인 소립자의 흔적을 찾기 위해 베를린에서 새로운 실험방법을 도입하고 그것을 개량했다. 그 방법은 영국인 찰스 윌슨(Charles Wilson)[†]이 고안한 안개상자 실험이었다. 방사선이 수증기로 채워진 상자 속으로 쏘여져 들어가면, 소립자 길을 따라 수증기가 흐르고 흔적이 생기는데, 바로 그 흔적을 촬영하는 것이다. 리제 마이트너는 다음과 같이 설명했다.

"모든 원자는 구성이 복잡하지만 부피는 매우 작다. 외부 전자 궤도의 지름은 약 5000만 분의 1센티미터이고, 원자핵의 경우 그 반지름은 전자의 궤도보다 최소 1만 배나 더 작은 공 속에 있다. 즉 이 작은 구조체는 인간이 볼 수 있는 한계를 넘어선 곳에 존재한다. 따라서 이 구조체에 대해 어떤 것을 이야기할 수 있다는 것은, 이 분야의 연구자가 아닌 일반인에게는 아주 낯설게 보이는 일일 것이다."

그녀가 늘 자랑스러워하던 이 방사선에 대한 연구로 리제 마이

[†] 찰스 윌슨(1869~1959)은 영국의 물리학자로 1927년 노벨 물리학상을 수상했다.

트너는 처음으로 상을 받았다. 또 1924~1925년에는 새로운 원소인 프로탁티늄에 대한 연구로 오토 한과 함께 노벨 화학상 후보로 추천되었다. 리제 마이트너는 이제 커다란 국제 '물리학자 가족'의 일원이 된 것이다. 그녀는 국제회의에서 이들과 만났고, 닐스 보어의 강연을 듣기 위해 함께 괴팅겐으로 여행했다. 그들은 이 강연을 농담조로 '보어 축제'라고 불렀다. 이러한 모임 속에서 리제는 과학에 대한 관심을 통해 제1차 세계대전으로 국가들 사이에 생긴 간극, 또는 최소한 사람들 사이에 생긴 간극이 메워질 수 있으리라는 인상을 받았다. "과학은 그 자체로서 여러 국가의 국민들을 결합할 수 있는 최상의 수단이 될 수 있을 것이다." 그녀는 그 후로도 이 희망을 결코 포기하지 않았다.

학문적으로는 인정받았지만 리제 마이트너는 과학계에서 종종 남성들이 편견과 마주쳐야 했다. 오토 한에게 보내는 편지에서 그녀는 영국 출신 동료인 제임스 채드윅(James Chadwick)[†]에 대해 이렇게 불평했다.

"어떤 연구를 제대로 살펴보지도 않은 채 그 연구를 믿지 않는 것은 전혀 과학적이지 않습니다. 만일 그 연구가 가이거(동료)의 것이었다면, 채드윅은 반대하지 않았을 것이라고 나는 확신합니다. 그는

[†] 제임스 채드윅(1891~1974)은 영국의 물리학자로 1935년 노벨 물리학상을 수상했다.

단지 내가 여자이기 때문에 나를 멸시하는 것이지요. 이 일이 나를 우울하게 만들어요."(1922년 5월 17일)

리제 마이트너는 화가 났지만, 시간이 지나면서 이런 일을 대수롭지 않게 넘길 수 있게 되었다. 다음의 사건은 그녀의 변화된 모습을 보여준다. 그녀는 《자연과학평론》이라는 잡지에 물리학을 주제로 일반인이 이해할 수 있는 몇 개의 글을 발표했다. 그리고 그 글 밑에 자신의 성만 기재했다. 백과사전 출판사로 유명한 브로크하우스(Brockhaus)의 발행인이 그 글을 주의 깊게 읽고, 편집자에게 마이트너 씨(Herr Meitner, 여성이라면 Frau Meitner라고 부른다)의 주소를 요청했다. 그는 마이트너를 방사능에 관한 선구적인 저자로 소개하려고 했다. 그러나 저자가 여성으로 밝혀지자, 브로크하우스 발행인은 화를 내면서 여성이 기고한 것은 출판할 생각이 없다고 답장했다. "그러나 그는 나의 이전 기사를 읽은 후에는 다시 출판하고 싶다고 번복했다."
이러한 무지함에 대해 리제 마이트너는 머리를 좌우로 흔들기만 할 뿐이었다.

리제 마이트너는 개인적인 경험을 통해서 여성이 학문의 길을 가는 것은 남성보다 더 힘들다는 것을 이미 깨달았다. 여학생이었을 때 그녀는 안톤 람파 교수에게 종종 "소녀(여학생)가 소년(남학생)보다 어려움을 더 많이 겪는다."고 말하곤 했다. 이러한 기억 때문에 람파 교수는 마이트너가 저명한 과학자가 되었을 때에도 그녀를 늘 '소녀'라고 불렀다.

그러나 이 여성 물리학자는 결코 슬퍼하지 않았다. 기다리거나 또는 연구를 통해서 직접 상대방을 설득했다. 물론 연구를 위해서는 무조건 혼신의 힘을 쏟았다. 가족과 직업은 그녀에게 아무런 문제가 되지 않았다. 젊었을 때는 이런 문제를 의식하지 못한 채 이 길을 걸어왔지만, 나이가 들어서는 자식과 경력에 관해서 명확하게 표현했다.

"이 모든 것이 한 여자에게는 큰 짐이 될 수 있다. 이는 선생이든 의사든, 또는 과학자든 상관없이, 모든 직업여성들에게 적용된다. 나는 여자들이 반드시 부담을 더 많이 진다고 말하는 것이 아니라, 부담을 더 많이 질 가능성이 있다고 말하는 것이다."

빈에 있는 황립대학교에 처음 입학한 이래, 리제 마이트너는 줄곧 자연과학의 사다리를 타고 올라갔다. 겉보기에는 힘도 들이지 않고 아무 어려움도 없어 보였다. 1950년대 초에 그녀는 브레멘 라디오방송에서 '학문하는 여성'에 관해 이야기한 적이 있었다. 이때 그녀는 베를린에 있을 때는 이 주제에 대해서 '심각하게' 고민한 적이 없었다고 고백했다.

"따라서 나는 여성운동의 발달에 대해서는 조금도 알지 못했다. 물론 여성문제에 대해서 한두 권의 책을 읽기는 했다. 그러나 뫼비우스의 《여성의 심리적 정신박약》과 같은 책은, 비록 그 책이 1900년부터 1920년까지 12판이나 인쇄되었다고 하더라도, 사람들에게 심각하게 받아들여진다고는 생각하지 않았다. 그래서 굳이 그 내용에 대해 반박해야 한다고도 생각하지 않았다. 그 후 나는 내 생각이 얼마나 어리석었는지, 그리고 정신(또는 학문) 분야에서 일하는 여성들이 여성의 평등한 권리를 위해 투쟁하는 여성들에게 얼마나 많은 빚을 지고 있는지 깨달았다. 내 연구 여건이 좋았던 탓에 나는 상대적으로 늦게 이런 생각을 하게 된 것이다."

파울 율리우스 뫼비우스(1853~1907) 박사의 주장
- 배운 여성은 변종의 결과이다. 종의 변이, 즉 병적인 변화를 통해서만 여자는 연인이나 어머니가 되는 능력과는 구별되는 재능을 획득하게 된다.
- 여자가 지적으로 성장하는 것은 막아야 한다.
- 인류가 지성을 획득하고 후손에게 이 지성을 전달하려면, 똑똑한 여자가 아니라 무엇보다 건강한 여자를 아내로 삼아야 한다.
- 성적인 특성과 별도로 신체적으로 보면, 여자는 아이와 남자 사이의 중간 종이며, 최소한 여러 가지 면에서 볼 때 정신적 수준도 아이와 남자의 중간 수준이다.

리제 마이트너가 자신만의 분과를 맡은 후에도 오토 한과의 관계는 지속되었다. 그녀의 연구실은 카이저빌헬름 연구소 1층에 있었고, 한의 사무실은 2층에 있었다. 1층 건물의 오른쪽 날개부분 전체는 두 분과장의 '개인실험실'로 간주되었다. 둘은 여전히 활발하게 과학적 견해를 주고받았다. 점심식사 후에 리제 마이트너와 오토 한의 분과에서 연구하는 사람들은 늘 차 마시는 방에 모였다. 그들은 차를 마시면서 최신 잡지를 읽고 토론했다. 그러나 두 분과장은 거기에 없었다. 두 분과장은 그동안 휴식을 취했다. 이른바 이 차를 마시는 회의는 한의 비서가 나타나면 끝이 났다. 그 비서는 잡지를 모아서 다시 분과장의 서랍에 갖다 두었다.

익살맞은 유머에 능숙했던 구스타프 헤르츠(Gustav Hertz)[†]는 연구소에서 많은 사람들이 차를 즐겨 마신다는 사실을 이용해 리제 마이트너를 놀라게 했다. 헤르츠는 대머리여서 머리가 마치 당구공처럼 빛났다. 한번은 헤르츠가 실험실을 방문했는데 가져온 차를 거절하면서, "저는 차를 싫어해요, 술을 주십시오."라고 말했다. 그는 한 학생을 시켜서 선반에 놓여 있던 100퍼센트 알코올이 담긴 병을 가져오게 했다. 리제 마이트너가 놀라서 "헤르츠 씨, 그건 마실 수 없습니다. 그선 완진히 독이에요."라고 말했지만, 그는 전혀 개의치 않고 한 잔 가득 따른 후 마셨다. 아무런 일도 일어나지 않았다. 사실은 그가 병에 알코올 대신 물을 채워두었기 때문이다.

이 일에 대해서 리제 마이트너는 다음과 같이 이야기했다.

"그 연구 집단에는 늘 건전한 정신과 유쾌한 분위기가 함께했다. 한

---

† 구스타프 헤르츠(1887~1975)는 독일의 물리학자로, 프랑크–헤르츠 실험으로 1925년에 제임스 프랑크(James Franck)와 함께 노벨 물리학상을 수상했다.

의 성격이 반영된 것 같다. 이런 분위기는 연구에도 도움이 되었다. 크리스마스, 생일축제, 여름소풍, 그리고 유사한 축제일에도 이런 분위기는 늘 나타났다. 한번은 이런 축제일에 시를 지은 적이 있는데, 그 시에서 우리 두 분과는 양계장처럼 묘사되었다. 그곳에서는 누구든지 혼날 수 있었다. 그러나 단 하나의 신조는 지켜야 했다. 그것은 다른 사람을 놀릴 수는 있지만 상처를 주어서는 안 된다는 것이었다. 유쾌한 유머는 악을 날려보낸다."

리제 마이트너도 유머감각이 좋았다. 그러는 사이에 그녀는 오토 한과 서로 존칭을 쓰지 않게 되었다. 그녀는 종종 한에게, "병아리(Hähnchen, 한(Hahn)은 독일어로 닭을 의미한다. 독일어에서는 명사에 chen이 붙으면 그것을 축소한 것이 된다)야, 조용히 있으렴. 너는 물리학을 잘 알지 못해."라고 농담을 하곤 했다.

리제 마이트너는 연구소 일을 잘 파악했다. 학생들과 조교들은 이 부드럽고 우아한 사람이 열정적이고 단호하게 일을 처리할 수 있을 것이라고 느꼈다. 오토 한과 리제 마이트너가 재료지출 목록에 또다시 함께 서명했을 때, 연구소 사람들은 교정부호로 리제의 이름에서 두 개의 철자를 바꾸어놓았다. 그 결과 목록 밑에는 "오토 한, 마이트너를 읽다(Lise Meitner에서 Lise의 철자 se를 서로 바꾸어 놓으면 lies가 된다. 독일어로 lies는 '읽다' 라는 뜻—옮긴이)."라고 적히게 되었다

리제 마이트너는 연구실의 모든 사람들이 방사성 물질을 다룰

때 보호규정을 엄수하도록 특히 신경 썼다. 오염을 막기 위해서 '방사성 있는' 사람들은 특정 의자에만 앉도록 했다. 이 의자에는 노란색이 칠해져 있어서 사람들의 눈에 금방 띄었다. 전화기와 문손잡이 옆에는 두루마리 화장지가 걸려 있었다. 방사능으로 오염된 손잡이와 수화기를 만질 때에는 반드시 휴지를 사용해야 했다. 그들은 서로 악수하지 않고 인사했으며, 손을 자주 씻는 것에 모두 익숙했다.

리제 마이트너는 자기 작업실을 통과해서 방사성 물질을 운반하거나 방사선 제품을 가지고 자신의 방에 들어오는 것을 모든 사람들에게 금지했다. 하루는 방에서 전자현미경을 들여다보고 있는데, 문에서 노크소리가 났다. 우체부가 문을 열고 들어왔지만, 그녀는 몸을 돌리지도 않고 인사했다. "아, 영국에서 무엇인가 왔군요?" 우체부는 깜짝 놀라 물었다. "이 상자 속을 들여다볼 수 있습니까?" 리제 마이트너는 실험도구를 통해서 방사능이 나온다는 것을 알아낸 것이다. 그 소포 속에는 그녀가 영국에 주문한 방사성 제품이 들어 있었다. 그녀는 함께 일하는 사람 중에서는 누구도 방사성 제품을 가지고 작업실로 들어오지 못한다는 것을 알고 있었기 때문에, 우체부가 놀랄 정도로 소포 속을 '투시'할 수 있었던 것이다.

만약 사람들이 방사성 물질에 관련된 규정을 지키지 않거나 어떤 식으로든 방사성 물질을 잘못 다루면, 그 벌로 리제의 작업실로 불려가서 오래된 등나무 의자에 앉아 긴 설교를 들어야 했다.

연구실 동료들은 그녀가 없을 때는 엄격한 리제 마이트너를 리스헨('Lischen', Lise라는 이름에 chen을 붙인 것으로 귀엽고 작은 리제라는 뜻의 애칭이 됨)이라고 불렀다. 그녀가 이해심도 많았기 때문이다. 학생들이 과학 문제를 놓고 진척이 없어 힘들어하면, 리제 마이트너는 "학문은 대부분 걱정거리야."라고 말하면서 그들을 위로했다. 리제 마이트너 역시 자신이 세운 가정이 틀린 경험을 할 때가 있었다. 한 개라도 실수를 발견하면 그것은 이모에게 늘 '쇼크'와 같은 것이었다고 조카 프리쉬는 기억했다. 그럴 때면 리제는 지금까지 자연과 물리학에 헌신해온 자신이 원자로부터 기만당하는 것은 지극히 불공평한 일이라고 느끼곤 했다.

귀여운 리제(Lischen)는 조교와 학생들의 개인적인 근심거리에 대해서도 관심을 가졌다. 그들 중 몇 명은 나이가 들어서도 개인적으로 리제에게 편지 연락을 했다. 이전에 박사과정 학생이었던 아르놀트 플라머스펠트(Arnold Flammersfeld)가 편지에서, 리제를 매우 화나게 했던 엉성한 방사성 제품에 관한 이야기를 상기시켰을 때 리제는 다음과 같이 그에게 답장을 보냈다.

"달렘에서 그런 유사한 경우가 발생했을 때, 내가 플라머스펠트 씨나 또는 함께 일했던 다른 사람들에게 혹시 '잠 못 드는 밤'을 만들어준 건 아닌지 생각해봤어요. 그런 사고가 있기는 했지만 당신들 모두 편하게 잠잘 수 있었기를 바라요. 나이 차이는 많이 났지만 나는 달렘에서 젊은 학생들과 늘 좋은 신뢰관계를 유지할 수 있었어요. 그건 나에게 큰 행운이었지요. 그때 나는 내가 종종 위급한 상황에서 너무 적극적으로 '간섭했다'는 것을 알지 못했어요. 그렇지만 나는 공공연히 그렇게 해야 했어요. 시간이 지난 후에 당신들이 모두 객관적인 이유에서 나의 간섭을 이해해주기를 희망할 뿐입니다."

리제 마이트너는 그 사이에 지위와 직함에 어울리는 작업실 바로 옆 연구소 저택에서 살게 되었다. 1층에 있는 새로운 주택에는 천장이 높고 품위 있는 큰 방이 일곱 개 있었다. 침실에는 외부인의 침입을 막기 위해 격자로 된 창살을 붙였다. 집안일을 해주는 사람도 따로 있었다. 집안일을 돌봐주는 사람이 없었을 때, 그녀는 집안일을 '일종의 병'처럼 느꼈다. 안나 그레타 에클룬드(Anna Greta Eklund)†는 "나는 리제 마이트너가 주방에 있는 것을 상상할 수 없었다."라고 기억했다.

리제 마이트너는 확실히 실험실에 더 잘 어울렸다. 그녀는 늦어도 아침 8시와 9시 사이에 연구소에 나다녔다. 힘차고 빠르게 연구소 입구를 걸어갈 때 우연히 지각한 사람을 만나면, 그녀는 "기차를 놓치셨나요?"라고 걱정스럽게 물었다. 그리고 점심때 두 시간의 휴식시간을 보낸 뒤 대개 밤늦게까지 연구했다. 밤 11시경에는 종종 비스킷을 들고 박사과정생들의 방을 찾아가서 그들과 이야기를 나누었다.

휴가 때가 되면 리제는 모든 일을 놓고 휴식을 취했다. 카이저

---

† 시그바드 에크룬드의 부인으로 스톡홀름(1938년 이후)에서 리제 마이트너와 가까운 사이가 되었다.

빌헬름 연구소에서는 휴가를 충분히 주었다. 리제는 여름에 6주, 크리스마스나 부활절에 각각 2주, 그리고 오순절에 1주일의 휴가를 받았다. 빈에 있는 가족을 방문하지 않을 때면 오스트리아의 산을 여행했다. 1924년에 그녀는 베네치아, 피렌체, 꼬모 호수, 보첸(Bozen, 지금의 이탈리아 볼사노)을 방문했다. 휴가 때는 혼자 게으르게 지내거나, 그렇지 않으면 남동생 발터나 올케 로테와 함께 여행했다. 로테는 유명한 사진작가로 종종 리제 마이트너의 사진을 찍었다.

'가장 아름다운 이 해'에 한 가지 슬픔이 찾아왔다. 1924년 12월에 어머니가 죽은 것이다. 아버지 필립 마이트너가 죽은 지 14년이 지난 후였다. 리제 마이트너는 빈에 머물면서 베를린에 있는 오토 한에게 편지를 썼다.

"……내가 도착한 후 어머니는 불과 몇 분 정도만 깨어 있었어. 고통스럽지는 않은 것 같았어. 그러나 어머니가 고통을 느꼈는지 또는 느끼지 않았는지는 알 수 없지. 어제 우리는 어머니의 유언에 따라 관에 꽃도 뿌리지 않고 조용히 어머니 장례를 치렀어."

1927년에는 마이트너 가족 중 한 명이 베를린으로 이사 왔다. 그는 리제 마이트너의 언니 아우구스테의 아들 오토 로버트 프리쉬였다. 물리학자였던 그는 제국물리기술연구소에서 일하면서 3년 동안 베를린에 체류했다. 베를린에 온 후 그는 이모를 더 자주 만나게 되었다. 프리쉬는 이모와 함께 바이올린 이중주를 연주하곤 했는데, 그 시절에 대해서 다음과 같이 회상했다.

"이모는 'Allegro, ma non tanto'를 '빨리, 그러나 nicht Tante'(이모는 아니다)라고 번역했다. 이모는 내 삶에 음악을 가져다주었다. 이모 덕분에 처음으로 브람스 심포니와 고전 실내악을 많이 감상하게 되었다."

리제 마이트너는 동료 막스 폰 라우에(Max von Laue)[†]와 함께 대도시 베를린에서 제공하는 다양한 음악을 즐겼다. 그해에는 오토 한과 그의 부인 에디트, 그리고 제임스 프랑크 등과의 우정이 더욱 돈독해졌다. 엘리자베트 쉬만은 그녀의 삶에서 또 다른 중요한 역할을 했다. 이 여성 생물학자는 리제 마이트너의 생일날 다음과 같은 시를 지어 보냈다.

"물리학자에게는 공식이 익숙한데,
나는 오늘, 너의 생일에 어울릴 만하게
이날을 빛내줄 공식을 찾기 힘들구나.
그래서 너의 분야에서 '시를 위한 재료'를 선택한다.
여기 이 꽃다발 속에 그 시가 있다.

[†] 막스 폰 라우에(1879~1960)는 독일의 물리학자로 1919년부터 베를린에서 연구했다. 결정의 격자구조를 증명하여 1914년에 노벨 물리학상을 수상했으며, 베를린에서 유명한 수요 콜로퀴움을 조직하고 이끌었다. 리제 마이트너는 이 수요 콜로퀴움에 즐겨 참석했다.

이 꽃다발의 약속이 이루어지기를 바란다."

리제 마이트너는 1933년이 되어서야 '과연 과학자가 될 수 있을까' 라는 젊은 시절의 불안한 질문에 대해 자신 있게 '그렇다' 라고 확신에 찬 대답을 할 수 있었다.

1920년부터 1933년까지 리제 마이트너는 혼자서, 그리고 동료와 함께 50편 이상의 연구논문을 발표했다. 프리츠 하버는 연구자의 삶을 '생성기(Werden)', '존재기(Sein)', 그리고 '인정기(Bedeuten)' 세 단계로 나누었다. 이 분류에 따르면 리제에게는 베를린에서의 목공소 시절이 '생성기'이고, 카이저빌헬름 연구소에서 독자적으로 핵물리학 분과를 구축할 때가 '존재기'였다.

1933년 가을에 그녀가 베를린에서 개최된 제7차 솔베이† 회의에 초대된 것은 리제 마이트너가 국제적으로 인정받는 핵물리학자가 되었다는 것을 보여주었다. 이 회의의 주제는 원자핵의 구조와 특성에 관한 것이었다. 이 유명한 회의의 폐막사진에서 그녀는 당시에 가장 유명했던 과학자들과 함께 앉아 있다. 긴 책상에 두 명의 다른 여성이 그녀와 약간 떨어져서 앉아 있는데, 그들은 그동안 머리가 하얗게 센 퀴리부인과 딸 이렌이었다.

리제 마이트너가 항상 희망했던 이와 같은 삶은 독일의 정치적

---

† 벨기에 화학자인 에른스트 솔베이(Ernst Solvay, 1838~1922)의 이름을 따서 모임의 이름을 붙였다.

사건으로 파괴되고 말았다. 독일에서는 이미 1933년 봄에 나치가 권력을 장악했다. 그녀에게는 이제 5년간의 유예기간이 주어진 것이다.

한 유대인 여성이
연구소를 위태롭게 한다

· 나치 집권초기, 교수권 박탈, 한-마이트너-슈트라스만 팀,
오스트리아의 합병과 망명 준비 ·
1933-1938

1933년 1월 30일, 아돌프 히틀러는 연립정부의 수상이 되었다. 3월이 되자 그는 카이저빌헬름협회에 나치의 갈고리 십자가가 그려진 기(旗)를 각 연구소에 게양하라고 지시했다. 당시 오토 한은 객원교수로 미국에 머물고 있었는데, 리세 마이트너가 그에게 이러한 변화를 전했을 때는 이미 달렘 연구소에 새로 제작된 깃발이 날리고 있었다. 그녀는 새로운 제국이 열린 3월 21일에 한에게 보낸 편지에서 다음과 같이 썼다.

"추밀고문관 슈만의 부인과 에디트†가 포츠담 기념식을 보도하는 라디오 방송을 듣기 위해 거기에 모여 있었다. 기념식은 완전히 화

---

† 오토 한의 부인.

합된 분위기에서 근엄하게 이루어졌다. 힌덴부르크는 몇 마디 짧게 말하고 히틀러에게 마이크를 넘겼다. 히틀러는 매우 힘 있고, 세련되게 그리고 개인에게 하듯 말했다. 나는 계속 이렇게 진행되기를 희망한다. 냉철한 그 지도자가 ……끝까지 잘 해낸다면, 좋은 의미에서 사람들도 발전을 기대할 수 있을 것이다. 과도기에 발생하는 실수는 거의 피할 수 없다. 지금은 모든 것이 한 사람의 이성적인 절제에 달려 있다."

그러나 리제 마이트너의 생각은 빗나갔다. 그녀가 이 편지를 쓴 지 사흘 만에 히틀러는 전권위임법으로 국가의 모든 권력을 장악했다. 그는 4월 1일을 유대인 보이코트의 날로 선포했다. 나치는 일을 빨리 진행시켰다. 1933년 4월 7일에는 '직업공무원제도 재건법(Gesetz zur Wiederherstellung des Berufsbeamtentums)'을 의결했는데, 이 법의 제3조는 '아리아계가 아닌' 모든 공무원을 해고한다는 내용을 담고 있었다. 리제 마이트너 역시 공적인 질문지를 작성해야 했다. 그녀는 조부모의 민족 혈통을 묻는 일곱번째 질문에 '비(非)아리아계'라고 답했다.

연구소에는 나치를 위한 큰 방이 생겼다. 휴가 기간이 끝나고 대학에서 다시 강의가 시작되었다. 리제 마이트너는 5월에 오토 한에게 보낸 편지에서 "모든 것이 제대로 되고 있다."라고 썼다. 그러나 리제는 자신이 '쓸모없게' 되었다고 느끼고 있었다.

이러한 정치적 상황에서 카이저빌헬름 물리화학연구소장으로 있던 프리츠 하버가 독일을 떠났다. 유대인이었기 때문이다. 프리츠 하버는 오랫동안 리제 마이트너와 오토 한의 학문적인 이웃이었다. 리제는 1957년 막스 보른에게 보낸 편지에서 당시를 다음과 같이 회고했다.

"히틀러가 집권한 초기 몇 달 동안, 플랑크는 특히 하버를 잃지 않기 위해 애썼습니다. 한번은 그가 절망하면서 이렇게 말했습니다. '그를 위해서 내가 할 수 있는 일은 법에 호소하는 것밖에 없다.' 이 말을 듣고 내가 말했습니다. '법적인 문제가 아닌 것을 어떻게 법으로 처리할 수 있습니까?' 플랑크는 말 그대로 힘이 빠진 것처럼 보였습니다."

리제 마이트너는 여전히 미국에 체류 중인 오토 한에게 이러한 모든 정보를 계속 전달했는데, 하버가 물러난 후에는 한을 안심시키는 말을 하기도 했다. 그녀는 한에게 곧바로 돌아와야 하는 것은 아니지만, 캘리포니아 여행은 포기하는 게 좋겠다고 조언했다. 그녀는 하버가 물러난 것만을 가슴 아프게 느낀 것이 아니었다. "이제 사상의 유능함을 과시함으로써 개인적인 이득을 얻을 수 있다고 생각하는 많은 사람들의 사업적인 유능함"을 접하며 그녀는 비애를 느꼈던 것이다.

오토 한은 6월 말에 베를린으로 돌아왔다. 그동안 베를린의 상황은 완전히 변해 있었다. 나치가 점차 그들의 의도를 드러내자, 리제 마이트너도 많은 동료들과 예술가들이 이미 그랬던 것처럼 교수직에서 물러나 독일을 떠나야 하지 않을까 하는 생각을 하게 되었다. 카이저빌헬름 연구소에 재정지원을 하고 있던 IG염료회사(Firma IG Farben)의 카를 보쉬(Carl Bosch) 박사는 4월에 과학자들이 독일을 떠나지 않게 할 수 있는 방법을 찾고자 했다. 그는 리제 마이트너에게 "공무원법에 해당되는 과학자들을 위해서 특별한 규정을 만들려고 열심히 노력하고 있다."고 편지를 보냈다. 그리고 그녀에게 떠난다는 생각을 접고 지금까지 그랬던 것처럼 당분간 연구를 계속해달라고 부탁했다.

막스 폰 라우에, 오토 한, 그리고 특히 막스 플랑크는 리제 마이트너에게 연구소에 남아달라고 부탁했다. 그녀는 어쨌든 오스트리아인이었기 때문에 그녀의 국적이 나치의 손아귀로부터 그녀를 보호했다. 그러나 그녀는 1933년 7월에 다음 겨울학기 수업을 하지 못하게 되었다는 통보를 받았다. 한과 플랑크는 1933년 8월 베를린에 있는 프로이센의 경제, 예술 및 교육을 관장하는 부처에 이 문제에 관한 편지를 보냈다. 그들은 편지에서 리제 마이트너가 베를린대학에 교수로 남을 수 있게 해달라고 요청했다.

추밀고문관인 플랑크는, 리제 마이트너가 그녀의 전공분야에서 국제적 인정을 받는 최고의 권위자라고 강조했다. 그는 또 다음과 같이 덧붙였다.

"그녀가 떠나게 되면 반향이 클 것입니다. 그 충격은 하버가 떠났을 때보다 결코 더 적지 않을 것입니다. 하버도 자발적으로 물러난 것이 아니었기 때문에 상황이 악화되었습니다. 현재 외국에서는 이러한 상황을 심각하게 받아들이고 있습니다. 그 여파로 최근에는 록

펠러재단의 장학생 두 명이 겨울 동안 마이트너의 연구소에서 연구할 것을 신청했다가 정치적 상황을 고려해서 취소하는 일이 발생했습니다. 과학 연구를 위해서 사람들을 모으려면 안정적인 상황이 올 것이라는 신뢰가 반드시 필요합니다. 따라서 이 신뢰를 회복하는 것이 무엇보다 절박한 문제이며, 이는 제국수상의 의도에도 부합하는 것입니다. 그리고 과학을 보살피는 일보다 불안을 일으키는 데 더 관심이 많은 사람들을 제어하는 것도 긴급한 일입니다."

그러나 이 유명한 보호자들의 요청은 아무런 도움도 되지 못했다. 1933년 9월 11일, 리제 마이트너는 교수권을 박탈당했다. 그렇지만 그녀는 독일에 남아 있었다. 이러한 결정을 내린 데는 그녀가 오스트리아인이라는 이유도 있었지만, 연구소의 분위기도 영향을 미쳤다. 예를 들어서 1929년부터 카이저빌헬름 연구소의 유일한 소장으로 화학분과를 이끌었던 오토 한은, 해직된 유대인 동료들과 연대하기 위해 1934년 대학교 교수직에서 물러났다. 연구소 동료들 가운데 몇 명 안 되는 진짜 나치들은 잘 알려져 있었다. 모든 사람들이 이들을 경계했다.

연구소 동료들은 학문적이며 인간적인 공동체를 유지하기 위해서 무엇이든 하려고 애썼다. 그러나 그 노력은 다소 반항적이고 약간은 비현실적이었다. 리제 마이트너는 "우리 단체의 이러한 놀라운 특성"에 대해서 알고 있었다. 리제는 안전하다고 느꼈고, 종종 오스트리아인으로서 당의 모든 요구사항을 무시할 수 있다고 이야기했다. 리제 마이트너의 박사과정 학생인 플라머스펠트는 당시의 상황을 "연구소는 정치적인 오아시스였다."는 말로 요약했다.

연구소의 이러한 예외적인 상황이 리제가 베를린에 머무는 것을 어렵지 않게 만들었다. 그러나 결국은 다른 모든 '비아리아계' 사람들과 마찬가지로 리제 마이트너도 쫓겨났다. 그녀는 아마도 이 모든 일이 유령처럼 지나가고 더 나빠지지 않을 것이라는 희망에 매달렸던 것 같다. 연구소의 '오아시스'에서 안전하다고 느꼈던 그녀가, 왜 1907년부터 진정으로 열의를 가지고 이룩한 모든 것을 포기하고 떠나야 했겠는가? 게다가 이미 쉰다섯 살이 된 그녀가 어디론가 떠난다는 것은 쉬운 일이 아니었다. 나치의 공포정치 초기시절에, 리제 마이트너에게는 제2의 고향인 독일을 떠날 기력도, 앞날에 대한 선견지명도 없었다. 이런 맥락에서 리제가 베를린에 머물기로 결정한 것을 충분히 이해할 수 있지만, 그런 만큼 리제는 훗날 이 결정을 가슴 아프게 후회했다. 제2차 세계대전이 끝난 후 그녀는 오토 한에게 다음과 같은 편지를 썼다.

"독일을 바로 떠나지 않았던 것을 그냥 내 어리석음으로 돌리기에는 너무도 큰 실수였다는 것을 오늘 깨달았다. ……왜냐하면 내가 독일에 머물러 있음으로써 결과적으로 히틀러주의를 도와준 셈이 되어버렸기 때문이야."

그러나 리제 마이트너가 베를린에 머물지 않았더라면, 1934년 오토 한이 나중에 아주 중요한 결과를 낳게 될 새로운 공동연구를 제안하지 않았을 것이다.

리제 마이트너는 전문 학술지에서 이탈리아의 엔리코 페르미(Enrico Fermi)†의 새로운 시도를 접하게 되었다. 이 이탈리아 물리학자는 중성자를 가지고 가장 무거운 원소로 알려진 우라늄을 포격했다. 이 중성자는 1932년에 영국의 제임스 채드윅에 의해서 발견되었다. 원자핵의 가장 중요한 구성요소로 전기적으로 중성인 이 소립자는 양성을 띠는 원자핵과 더 쉽게 결합할 수 있는데, 이는 이 소립자에 반발력이 작용하지 않기 때문이다.

페르미는 중성자 포격을 통해서 우라늄으로부터 완전히 새로운 형태의 매우 무거운 원소를 만들어냈다. 그는 인공적인 이 원소를 '초우라늄'이라고 이름 붙였다.

리제 마이트너는 이 실험에 매료되었다. 그녀는 이 실험을 한과 함께 꼭 다시 해보려고 했다. 물리학만으로는 실험이 더 이상 진전될 수 없다는 것을 충분히 알고 있었기 때문에 더욱 그러했다. 이 실험이 성공하려면 한처럼 유능한 화학자가 필요했다. 그녀는 다음과 같이 회고했다. "한이 이 문제에 관심을 가지기까지 나는 몇 주를 더 기다려야 했다." 그들은 수년 동안 중단된 공동연구를 다시 시작했다.

1935년 초에 한-마이트너의 연구그룹에는 카이저빌헬름 연구소에서 조수로 일하던 젊은 화학자 프리츠 슈트라스만이 우연히 합

---

† 엔리코 페르미(1901~1954)는 이탈리아 물리학자로 1940년대에 시카고에서 최초의 핵반응 원자로를 건설했다. 1938년에 초우라늄 발견으로 노벨 물리학상을 수상했다.

류하게 되었다. 이렇게 해서 한-마이트너-슈트라스만 팀이 형성 되었다. 그들은 궁극적으로 핵분열로 나아가는 실험을 시작했다.

영국으로 간 프리츠 하버가 1935년 초 스위스에 체류하는 동 안 사망했다. 나치는 베를린에서 이 유대인 과학자에 대한 추모를 금지했다. 오토 한과 막스 플랑크는 여기에 저항했다. 리제 마이 트너는 다음과 같이 회상했다.

"그(막스 플랑크)가 프리츠 하버의 추모식 준비로 당국의 거대한 반 발에 부딪쳤을 때…… 그는 추모식 전날 저녁에 '경찰력을 동원해 서 사람들이 나를 끌어내지 않는다면 이 추모식을 거행할 것'이라 고 말했다. 그는 추모식을 거행했고, '하버는 우리에게 신뢰를 지 켰다. 이제 우리가 그에게 신뢰를 지킬 것이다.'라는 말로 식을 끝 맺었다."

추모식에서 리제 마이트너는 슈트라스만과 막스 델브뤽(Max Delbrück)의 옆자리에 앉았다. 회람과 법령을 통해서 참여가 금지 되었던 교수들의 부인들도 추모식에 왔다. 이 추모식은 비록 작은 모임이었지만 히틀러 정권에 대한 저항을 확실히 드러냈다. 하지 만 이 추모식으로 오토 한의 카이저빌헬름 화학연구소는 나치들에 게 좋지 않은 인상을 남겼다. 그 후 한과 그의 동료들은 정치적으 로 완고한 사람들로 간주되었다. 이 모든 상황에도 불구하고 한- 마이트너-슈트라스만 팀은 연구를 계속했다.

리제 마이트너는 1935년 이론물리학자인 델브뤽과 함께 《원자핵의 구조〉라는 제목의 책을 출판했다. 같은 해에 막스 플랑크는 다시 한 번 오토 한과 리제 마이트너를 다음해 노벨 화학상 공동후보로 추천했다. 1932년부터 1938년까지 리제 마이트너의 연구목록에는 30편의 논문이 더해졌다!

1936년에는 막스 폰 라우에가 리제 마이트너를 단독으로 다음해 노벨상 후보로 올렸다. 그는 이런 식으로 그녀의 학문적 가치를 인정함으로써 이 유대인 여성을 보호하려고 했다. 나치가 모든 독일인들의 노벨상 수상을 금지했기 때문에, 리제는 오스트리아인으로서 상을 수상할 수 있었다. 리제 마이트너도 그 사실을 알고 있었다. 한이 1938년 12월에 보낸 편지에서 어떤 동료 과학자가 그녀가 노벨물리학상을 수상하면 더 없이 기쁘겠다고 자신에게 한 말을 알려주었기 때문이다. 막스 플랑크도 당시에 "그 계획이 아주 반갑다."고 말하면서 여기에 동의했다.

리제 마이트너는 실제로 정치적인 문제로 방해받거나 공격받지 않고 연구할 수 있었다. 그러나 1936년부터는 공식석상에 나타나는 것이 불가능해졌다. 그녀가 높이 평가한 막스 폰 라우에의 물리학 분야 콜로퀴움에도 참여할 수 없게 되었다. 에를랑엔 화학회(die Erlangen Chemische Gesellschaft)는 그녀와 한이 공동으로 발표한 연구의 강연 연사로 오토 한만 초청했다. 한은 주최 측에 다음과 같은 편지를 썼다.

"그렇게 되면 나와 함께 리제 마이트너가 주도적으로 참여한 연구에 대해서 사람들이 오랫동안 내 이름만 듣게 됩니다. 물론 이 일이 우리가 어떻게 할 수 없는 (정치적) 상황과 관련되어 있다는 점은 알고 있습니다. 그러나 나 혼자만의 소유가 아닌 것을, 내가 이용하는 일은 옳지 못합니다. 나는 당신들이 내가 말하고자 하는 바를 진심으로 이해하고 이 편지를 곡해하지 않기를 바랍니다."

연구소의 모든 사람들은 자신들의 정치적 입장과는 별개로 한-마이트너-슈트라스만 팀의 실험에 적극적으로 참여했다. 이 베를린 팀은 파리의 연구팀과 경쟁을 하고 있었다. 프랑스에서는 이렌 퀴리가 남편 프레드릭 졸리오와 함께 같은 실험을 하고 있었다. 연구소에 소속된 사람들은 모두 이 학문적인 경쟁에 몰두했다. 1937년 크리스마스 파티에서 지어진 다음의 시는 당시 상황을 잘 묘사하고 있다.

가수가 부르는 탄식의 노래를 들어라:
파리에서 나쁜 사람들이 또다시
마이트너-한 팀보다 먼저
초우라늄 원소를 만들었다.

"아", 마이트너 양은 지금 한탄한다.
"한, 이제 무엇을 해야 하지?
우리가 이미 오래전에
초우라늄이 발견될 것이라고 발표하지 않았는가?
우리가 온갖 노력을 다하여

이 화학을 연구하지 않았던가?"

그 고귀한 짝은 노벨상이 이미 물 건너갔다고 눈물을 쏟는다.

그리고 그들은 곧 복수하겠다고 엄숙하게 다짐한다.†

그 즐거운 크리스마스 파티가 끝난 지 3개월도 지나지 않아서 히틀러의 부대는 오스트리아로 진격했다. 그리고 리제 마이트너의 조국은 독일에 '합병'되었다. 이로써 이 오스트리아 여성은 1938년 3월 12일에 독일 유대인이 되었다. 상황이 이렇게 변한 후, 리제는 연구소의 한 나치 대변자 때문에 난관에 봉착했다.

나치당원이던 쿠르트 헤스는 달렘 연구소의 위층에 있는 객원 연구원 부서(Gastabteilung)를 관장했는데, 오토 한에게 연구실을 하나 더 달라고 요청했다. 한은 반 정도는 승낙했지만 결정을 나중으로 미루었는데, 리제 마이트너와 그 일에 대해 상의한 다음 결국 거절했다. 헤스는 그 일로 한 유대인 여자가 전쟁과 관련된 중요한 연구를 위해 필요한 연구실 배정을 방해한다며 리제 마이트너를 비판하는 글을 공지했다. 그는 말 그대로 다음과 같이 썼다. "그 유대인 여자가 연구소를 위태롭게 한다."

리제 마이트너를 좋게 보고 있던 당의 다른 대변자들도 한에게 카이저빌헬름협회의 재정담당자와 이야기해볼 것을 충고했다. 1938년 3월, 한은 연구소 재정을 담당하는 하인리히 회틀라인

---

† 졸리오-퀴리 부부는 인공 방사능을 발견하여 1935년 노벨 화학상을 수상한다. '부부 노벨상 수상'은 이것을 가리킨다.

(Heinrich Hörlein)과 만났다. 한은 그날의 대화를 다음과 같이 기술했다.

"그때 나는 마음의 평정을 잃은 상태에서 리제 마이트너의 일과 오스트리아 합병 이후의 새로운 상황에 대해서 의논했다. 회를라인은 리제가 그 자리에서 물러날 것을 제안했다. 그는 리제가 연구소에서 물러난다면, 더 이상의 반대는 없으리라고 했다. 그녀가 비공식적으로 계속 연구할 수 있다는 말이었다. 구체적인 제안이 정확하게 어떤 것이었는지는 모르겠다. 불행하게도 나는 이 대화 내용을 1938년 3월 22일에 리제에게 전달했다. 그녀는 내가 자신을 또다시 위험에 처하게 만들었다며 심하게 화를 냈다."

리제 마이트너는 절망했다. 그녀는 '이틀쯤 후에 연구소에서 일하는 것을 그만두어야만 한다'는 회를라인의 제안을 전달한 오토 한에게 화를 냈다. "그때 나는 이에 대해 저항했고, 다른 곳으로 갈 수 있는 가능성도 전혀 없다고 말했다." 그녀는 IG 염료회사의 카를 보쉬에게 전보를 쳤다. 보쉬는 즉시 베를린으로 왔고, 그들은 이 문제에 대해서 의논했다. 보쉬도 회를라인의 제안에 대해 동의할 수 없었기 때문에, 리제 마이트너에게 '내각의 적당한 나치당원'에게 편지를 쓰겠다고 약속했다. 1938년 5월 20일, 카를 보쉬는 제국장관인 빌헬름 프릭에게 편지를 보내, 과학자이자 교수인 리제 마이트너가 중립국으로 출국할 수 있도록 허락해달라고 요청했다.

이제 리제에게는 불확실한 시간이 시작되고 있었다. 1933년에 이미 미국으로 이주한 제임스 프랑크는 자신이 6월 초에 베를린에 있는 미국 영사에게 보낸 편지를 리제에게도 보내주었다. 그 편지에서 그는 리제가 '미합중국으로 오게 될 경우' 그녀에게 재정 지원을 하겠다고 약속했다. 당시 존스홉킨스대학에 있던 제임스 프랑크는 시카고대학의 교수직 제안을 받아들인 상태였다. 그는 베를린에 있는 미국 영사에게 자신의 모든 재정 상태를 공개했다. 같은 시기에 막스 폰 라우에는, 유대인이든 유대인이 아니든 상관없이, 모든 대학 학자들의 독일 출국이 조만간 금지될 것이라는 비밀 명령에 대해서 들었다. 이 이야기를 전해들은 리제 마이트너는 자신이 위험에 처할 수도 있다는 생각을 했다.

"그 말을 들었을 때, 나는 독일에 붙잡혀서 더 이상 연구할 수 없게 될지도 모른다는 생각으로 두려움에 사로잡혔다."

리제는 한과 함께 베를린에서 연구 중인 네덜란드 물리학자 페터 드바이(Peter Debye)를 방문했다. 그들은 드바이에게 디르크 코스테르(Dirk Coster)에게 편지를 써 줄 것을 부탁했다. 코스테르는 디바이와 같은 고향 사람으로 그로닝겐에서 교수로 재직하고 있었다. 그 편지는 검열당해서 전달되지 않을 수도 있었다. 다행히 편지는 코스테르에게 도착했고 그는 즉시 암호전보로 답장을 보냈다. "그 조교를 관찰하고 있다. 그가 마음에 들면 바로 받아들이겠다." 이렇게 하여 도망갈 준비가 시작되었다.

불확실한 상황에서 리제 마이트너는 베를린에 있는 아들론 호텔로 거처를 옮겼다. 카를 보쉬가 내각에 보냈던 탄원서의 답장이 도착했다. 리제 마이트너는 호텔 편지지에 그 내용을 속기로 기록했다.

"존경하는 추밀고문관님께
지난달 20일 당신이 보낸 편지에 대해 제국장관을 대신하여 제가 정중하게 답을 드립니다. 결론적으로 마이트너 교수에게 외국행 여권을 발행하는 데에 정치적으로 반대한다는 견해를 전해드립니다. 저명한 유대인이 독일을 떠나 외국으로 가서 독일 과학계의 대변인으로나 그녀 자신의 이름으로 자신이 경험한 바를 가지고 독일에 반하는 입장을 취하는 것은 바람직하지 않습니다. K.W.G.(카이저 빌헬름협회)에서 마이트너 교수를 제명한 후에도, 마이트너 교수에게는 독일에 계속 머물면서 개인적으로 협회의 일을 할 수 있는 길이 열려 있습니다. 이러한 견해는 제국 내무부 특히 나치당의 친위대 중앙지도자와 독일경찰청장의 입장을 대변하는 것임을 알려드립니다."

그러는 사이에 네덜란드 출신의 동료 물리학자는 리제의 망명을 준비하고 있었다. 그는 국경에 있는 한 작은 역에 네덜란드 정부의 통지문을 보내게 하는 데 성공했다. 이로써 리제 마이트너는 오스트리아 여권으로 비자 없이 네덜란드에 입국할 수 있게 되었다. 1938년 7월 13일 또는 14일 저녁에 코스테르가 베를린에 도착했다. 그는 어떤 의심도 불러일으키지 않기 위해 한의 거처나 아들론 호텔에는 머물지 않았다.

리제가 떠날 준비를 하고 있다는 의심을 받게 해서는 안 되었다. 모든 것이 빨리 진행되어야 했다. 리제는 출국하기 전날 밤을 오토 한과 그의 부인 에디트와 함께 보냈다. 한은 긴급한 상황이 발생할 때를 대비하여 오랜 동료에게 그의 어머니의 유품인 아름다운 다이아몬드 반지를 건넸다. 리제 마이트너는 손가방 하나에 들어갈 정도의 짐만 챙겨갈 수 있었다. "31년을 살았던 독일을 정리하고 떠나는 짐을 싸는 데 정확하게 1시간 반이 걸렸다." 리제 마이트너는 무기력하게 서 있었고, 많은 일들이 그녀에게 밀려왔다. 그녀는 내면 깊은 곳에서, 왜 모든 일이 그렇게밖에 될 수 없었는지 계속 의아해 했다. 왜 친구들은 그녀를 그렇게 빨리 보내려고 했는가? 그녀는 추방당한 것 같은 느낌이 들었다.

리제 마이트너는 역에서 코스테르를 만났다. 연구소 저택에서 함께 거주하던 사람 중에 의심 많은 사람이 한 명 있었는데, 그는 리제가 떠나기 바로 전 주에 그녀가 도망갈 것을 눈치 챘다. 따라서 리제의 망명이 성공한 것은 정말 행운이었다. 쿠르트 헤스는 나치당-달렘 지부에 수기로 통지문을 보냈다. 연구소의 한 과학자에게 의심스러운 일을 조사할 수 있는 경찰보안임무가 주어졌다. 그러나 공식적 통로를 통해 그 과학자가 통지문을 받았을 때는 리제 마이트너가 그로닝겐에 무사히 도착했다는 소식을 한이 들은 후였다.

카이저빌헬름 연구소의 어느 누구도 리제 마이트너의 망명을 알지 못했다. 연구소 휴가가 정확히 7월 16일에 시작되었기 때문에, 그들은 그녀도 휴가를 떠났다고 믿고 있었다. 그러나 그것은 영원한 휴가였다. 그녀는 망명길에 오른 것이다.

1938년 가을

원자과학자들의 거의 3분의 2가 독일을 떠났다. 베를린에서는 '영원한 유대인'이라는 전시회가 열렸다. 유대인의 초상화를 수정해서 유대인에 대한 증오를 불러일으켰는데, 그 가운데에는 리제 마이트너의 그림뿐만 아니라 오토 한의 사진도 걸려 있었다. 카이저빌헬름협회 회장은 한의 사진이 걸린 것에 항의했다. 전시 작품은 곧 정정되었고 한의 사진은 제거되었다.

헤드비히 마이트너와 아이들, 인형을 들고 앉아 있는 아이가 엘리제(리제 마이트너).

스물한 살 때의 리제 마이트너(1899년)

▲ 목공소에 앉아 있는 리제 마이트너와 오토 한(1909년 베를린)
▼ 카이저빌헬름 화학연구소 실험실의 한-마이트너 연구팀(1912년 베를린)

제1차 세계대전에 간호사로 참가한 리제 마이트너(1915년)

1951년 5월 독일 작센지방 프라이부르크에서 열린 라듐회의. 앞줄 왼쪽에서 두번째가 오토 한, 그 옆이 리제 마이트너.

1930년대의 리제 마이트너. 빈에 거주하던 그녀의 제부 로테 마이트너-그라프가 찍은 사진.

하이델베르크를 방문한 팔순 무렵의 리제 마이트너(1957년)

▲ 미국 브린마워대학에서 리제 마이트너와 여학생들.
▼ 막스 폰 라우에를 위한 고별식에 참석한 오토 한과 리제 마이트너(1959년)

……그러나 이것이 현실이다

· 스톡홀름으로의 도망, 베를린에서의 핵분열 발견, 리제 마이트너의 해석 ·
1938-1939

    리제 마이트너는 코스테르와 함께 기차에 앉아 있었다. 코스테르는 네덜란드 국경을 넘어 리제를 데려오는 일을 맡고 있었다. 다행히 그들은 기차에서 빈번히 일어나는 나치 친위대의 조사를 받지 않았다. 도망자로 잡혀서 소환되는 일은 일어나지 않았다. 국경에서도 모든 일이 매끄럽게 진행되었다. 비록 담당 공무원이 리제의 여권을 자세히 들여다보고, 그녀가 비자를 가지고 있지 않다는 것을 알았음에도 불구하고. 코스테르는 네덜란드의 세관공무원이 자신의 독일 동료에 대해서 미리 이야기했으리라고 추측했다. 리제 마이트너는 지갑에 13마르크를 지니고 있었다. 그러나 10마르크밖에 허용되지 않았다. 그녀가 담당 공무원에게 어떻게 해야 되는지 묻자, 그 공무원은 그 돈을 소지할 수 있다고 대답했다.
    그로닝겐에 도착한 후, 리제 마이트너와 코스테르는 미리 약속한 암호문자로 전보를 쳐서 베를린에 있는 오토 한에게 소식을 전했다. 그는 단서조항이 붙은 엽서로 답장을 했다. 리제는 스톡홀름으로부터 올 소식을 기다리면서 코스테르의 집에 머물렀다. 친구들이 스톡홀름에 있는 노벨연구소에 그녀의 일자리를 부탁했다. 그녀는 다시 닐스 보어가 있는 코펜하겐으로 길을 떠났다. 보어는 코펜하겐에 머물도록 그녀를 설득했지만 리제 마이트너는 거절했다. 리제의 조카 프리쉬는 리제가 코펜하겐에 핵물리학을 연구하는 젊은 사람들이 충분하다는 것을 알고 있었고, 특히 그들 가운데 조카가 있었기 때문에 그들의 연구에 방해가 되지 않기 위해 거절했으리라고 추측했다. 리제 마이트너는 스톡홀름에 있는 노벨연구소에서 일하기로 결정했다.

스웨덴 입국허가를 받은 후 리제는 우선 친구인 에파 폰 바르-베르기우스(Eva von Bahr-Bergius)[†]를 찾아갔다. 에파는 남편과 함께 예테보리 근처에 있는 쿵엘브에 살고 있었다. 리제는 입국 후 얼마동안 그 친구의 집에서 함께 살았다. 그녀는 여전히 독일을, 베를린을 떠났다는 사실을 실감하지 못했다. 모든 것이 악몽처럼 느껴졌다.

그 사이에 오토 한은 베를린에서 '마이트너 양의 휴가'를 신청하는 공식적인 편지를 썼다. 리제는 이에 대해 전혀 알지 못한 채 1938년 8월 24일 쿵엘브에서 편지로 사직을 요청했다.

[†] 에파 폰 바르는 이미 빈에서 리제 마이트너와 알고 지낸 것 같다. 그녀 역시 물리학자였으며, 리제 마이트너의 평가에 따르면, '평균적인 수준 이상의 유능한 여성 물리학자'였다. 에파 폰 바르는 스웨덴인 스승인 니클라스 베르기우스(Niklas Bergius)와 결혼하여 스웨덴으로 이사 가기 전까지 베를린에서 살았다.

"친애하는 오토!

내가 오늘 너에게 쓰는 내용은, 우리 둘의 인생에 매우 깊이 각인될 거야. 어제 추밀고문관인 보쉬에게 나의 사직을 요청했어.

감정적인 것에 대해서는 말할 필요가 없어. 그렇게 되면 어떻게 될 것인지 우리 둘 다 잘 알고 있지. 매일 우리가 우정으로 함께했던 시간에 대해 감사하고 그리워하며, 또 우리 공동의 연구와 연구소에 대해 생각한다. 그러나 나는 지금 그곳에 속해 있지 않아. 지금 지난달들을 돌이켜보면 내가 제명되는 것이 동료들의 바람에도 부응한 것처럼 보여. 말을 많이 할 필요는 없어. 사실은 사실이야. 누구도 이것을 간과할 수 없어…….

나의 내면은 내가 지금 여기에 쓰고 있는 것이 현실이라는 것을 아직 받아들이지 못하고 있어. 그러나 이것이 현실이야. 곧 소식을 전해주기 바라며.

항상 너의 친구인 리제가."

리제 마이트너는 공식적으로 사표가 수리되기를 기다리고 있었다. 그런 다음에 그녀는 비로소 연구소에 작별의 편지를 쓰고 싶었다. 카이저빌헬름 연구소는 지난 여러 해 동안 그녀 삶의 중심에 있었다. 리제는 몇몇 사람이 그녀가 의무를 저버리고 그곳을 떠났다고 생각할까봐 두려웠다. 어떤 경우에도 그녀는 오래된 동료들의 신뢰를 잃고 싶지 않았다. 그들은 그녀가 도망간 진짜 이유를 제대로 알지 못할 것이다. 리제는 오토 한에게 보내는 편지에서, 자신에 대한 '성급한 장례식'을 치르지 말 것을 강력히 요청했다.

한은 리제의 편지를 기다리면서, 그 사이에 다른 사람들에게 왜 그녀가 베를린을 떠날 수밖에 없었는지에 대해 자세히 설명해야 했다. 그녀는 한에게 책망하듯이 편지를 썼다.

"나는 어떤 부정한 행위도 하지 않았다. 왜 내가 존재하지 않았던 것처럼, 또는 그것보다 더 심하게 생매장된 것처럼 대우받아야 하는가? ······내 과거가 사라져버린다면 내 미래도 없어지는 것이 아닌가?"

1938년 가을, 리제 마이트너는 스톡홀름에 있는 한 호텔방에 거처를 정하고 노벨연구소에서 연구를 시작했다. 친구 엘리자베트에게 보낸 편지는 당시의 상황이 좋지 않았다는 것을 말해준다.

"나는 종종 내 삶을 낯선 사람의 삶처럼 보고 있어. 나는 그 낯선 사람을 이제 알아나가야만 해. 내가 늘 말했듯이, 나는 내 마지막 순간까지 그것을 배울 준비가 이미 되어 있어. 나는 많은 것을 배우겠다고 그 삶에 약속했어."

하루하루가 아무래도 상관없고 부차적인 것으로 다가올 때, 그녀가 이것 말고 무엇을 더 쓸 수 있었겠는가? 리제는 속이 텅 빈 호두처럼 자신의 내면이 텅 빈 것 같다고 하소연했다.

리제 마이트너는 1938년 크리스마스를 쿵엘브에 있는 친구 에파의 집에서 보냈다. 하얗게 내린 눈이 반사되어서 빛이 나는 밤이었다. 코펜하겐에 와있던 조카 프리쉬도 그곳으로 와서 섣달 그믐날을 함께 지냈다. 1939년 1월 17일, 리제는 베를린에 있는 친구 엘리자베트에게, 휴가 기간 동안 프리쉬와 함께 물리학 연구를 했다고 알렸다. "우리는 물리학적인 작은 구상을 했는데, 곧 발표할 예정이야."

리제 마이트너의 표현은 지극히 절제된 것이었다. 그녀는 조카와 함께 '물리학적인 작은 구상'을 한 것이 아니라 핵분열에 대한 최초의 이론적인 설명과 물리학적인 분석을 해낸 것이었다. 오토 한과 프리츠 슈트라스만은 1938년 12월에 베를린에서 핵분열 실험에 성공했다. 훗날 그녀는 "오토 한과 프리츠 슈트라스만의 우라늄 핵분열 발견은 인류 역사에서 새로운 시대를 열었다."고 썼다. 리제 마이트너가 어떻게 이 핵분열을 최초로 해석하게 되었을까?

1938년 11월부터 독일과 스웨덴에 있던 두 사람은 빈번하게 편지를 주고받았다. 그들은 편지를 통해 리제가 떠난 후에도 베를린에서 계속 수행되고 있던 실험에 대해서 논의했다. 한의 손자인 디트리히 한(Dietrich Hahn)이 공개한 편지[†]는 중요한 역사적 문헌이 되었다. 편지들은 화학자인 한이 실험의 놀라운 성과를 조금씩 알아가는 과정을 보여주는데, 한과 슈트라스만이 핵분열을 발견하

---

† 1938년 11월부터 1939년 4월까지 오토 한과 리제 마이트너가 교환한 모든 편지가 출판되었다. Dietrich Hahn (Hrsg.), Otto Hahn-Erlebnisse und Erkenntnisse, 1975, S. 75-129.

는 데 리제 마이트너가 기여했다는 사실을 잘 보여주고 있다.

1938년 12월 19일 월요일 저녁, 오토 한은 실험실에서 리제를 위해 놀라운 결과를 기록했다. 그와 슈트라스만은 애초에 우라늄과 무게가 거의 같은 원소, 즉 초우라늄을 발견하려고 노력했다. 그런데 감속시킨 중성자를 우라늄에 포격한 후에 분열물질로 바륨 원소를 발견한 것이다. 바륨은 주기율표의 가운데에 위치해 있고, 무게가 우라늄 원자의 절반밖에 되지 않았다.

"나는 이 사실을 가장 먼저 너에게만 말하기로 슈트라스만과 약속했다. 너는 아마 이 실험결과에 대해 어떤 식으로든 환상적인 설명을 해줄 수 있을 것이다. $Ba^\dagger$으로 분열될 수 없다는 것을 우리는 알고 있다······.

어떤 가능성이 있을 수 있는지 한번 생각해보기 바란다. ······네가 뭔가 제안할 수 있다면, 그것을 발표해도 된다. 그래도 역시 세 사람의 연구가 될 것이다. 나는 우리가 오랫동안 무의미한 일을 했다고는 생각하지 않는다."

3일 후, 리제는 완전히 흥분한 상태에서 편지에 답했다.

"너희의 라듐-결과는 정말 놀랍다. 감속시킨 중성자로 바륨 원소

---

† 바륨(Barium)을 의미한다.

를 만들어내다니! ……하지만 나에게는 그런 광범위한 핵분열이 일어난다는 가정이 아주 어려운 것처럼 보인다. 그럼에도 그동안 핵물리학에서 수없이 놀라운 일을 경험했기 때문에 누구도 핵분열이 불가능하다고 말할 수는 없겠지."

실험결과를 확실히 하기 위해 리제 마이트너는 실험을 더 해볼 것을 제안했다. 같은 날 저녁에 한은 다시 편지를 써서 자신과 슈트라스만이 이 놀라운 실험결과를 빨리 발표할 생각이라고 전했다.

"실험결과가 비록 물리학적으로는 다소 이상할지 모르겠지만, 그 결과에 대해 더 침묵할 수는 없다. 너도 알다시피 네가 그 이상함으로부터 벗어날 길을 발견한다면 아주 큰 기여를 하는 셈이다. 내일이나 모레 원고작성을 끝내면, 너에게 복사본을 보내겠다."

일주일 후인 12월 28일, 오토 한은 다시 '사랑하는 동료'에게 다음과 같이 통보했다.

"너에게 나의 바름-판타지 등에 대해 몇 가지를 쓰려고 한다. 쿵엘브에 너와 함께 있는 오토 로버트 프리쉬가 이것에 대해 약간 논할 수 있을 것이다. 우리 연구의 원고는 나중에 받게 될 것이다. ……우라늄 239가 Ba과 Ma†로 분리되는 것이 가능한 것인지? ……너의 자유로운 판단을 듣게 된다면 무척 흥미로울 것이다. 경우에 따라서는 네가 어떤 것을 계산해서 발표해도 된다."

리제 마이트너는 그 결과를 '아주 흥분할 만한' 것으로 보았다. 12월 30일, 그녀는 오토 한에게 새해인사와 함께 보낸 편지에서 유감스럽게도 11면이 빠진 상태에서 원고가 잘 도착했고, "모든 것이 정말 놀랍다."고 말했다. 훗날 프리쉬는 쿵엘브 여행이 "내 인생에서 가장 의미 있는 방문"이었다고 말했다. 그는 쿵엘브에서 첫날밤을 보낸 후, 이모가 베를린에서 온 마지막 편지에 대해서 생각하는 것을 보게 되었다. 이모에게 자신의 연구에 대해 설명하려고 했지만, 리제는 그것을 듣지 않고 베를린에서 온 편지를 읽어보라고 주었다.

오토 프리쉬 역시 그 실험결과에 대해 매우 놀랐다. 리제 마이트너는 그에게 한과 슈트라스만은 오류를 범하기에는 너무 훌륭한 화학자들이라고 설명했다. 그 두 사람은 분명히 어떤 실수도 하지 않았다. 조카와 이모는 눈 덮인 숲을 산책하는 동안 계속 이 문제에 대해서 이야기했다. 프리쉬는 스키를 타고 있었고, 리제는 그 옆에서 발걸음을 힘차게 내딛으면서 걸었다. 이 사랑스러운 여성은 스키를 타는 조카와 속도를 맞추었다. 하나의 생각에 다른 생각이 이어졌고, 논쟁이 오고갔다.

원자핵은 그렇게 간단히 부서질 수 있는 물질이 아니다. 그녀는 몇몇 동료가 언젠가 원자핵을 액체의 물방울과 비교하자고 제안했던 것을 기억해냈다. 보통의 물방울은 길이 방향으로 당겨지

---

† Ma는 원소 마수리움(Masurium)이다. 오늘날에는 테크네슘(Technetium: Tc)으로 부른다.

면, 표면장력이 이에 대항해서 작용하더라도 파열된다. 원자핵은 한 가지 중요한 점에서 액체 물방울과는 구별된다. 물방울과 달리 전기를 띠고 있는 것이다.

그들의 대화가 이 지점에 이르렀을 때, 리제 마이트너와 오토 로버트 프리쉬는 한 나무둥치 위에 앉아 있었다. 그들은 생각하고 토론을 이어나갔다. 원자핵의 전하가 이 흔들거리고 불안정한 원자핵의 물방울을 파괴할 만큼 충분할까? 그들은 마침내 작은 메모지 위에 우라늄핵이 파열하여 서로 다른 핵이 두 개 발생하고, 그 두 핵을 합한 질량이 우라늄핵의 처음 질량보다 더 가벼워져야 한다는 것을 계산해냈다. 리제 마이트너는 핵의 질량을 계산하기 위해 한 가지 공식을 기억해냈는데, 그 공식의 기초는 바로 아인슈타인의 등식인 $E=mc^2$이었다. 질량이 사라진다는 것은 곧 에너지가 나온다는 것을 의미한다. 그런데 이 에너지의 양은 엄청나게 클 것이다. 그녀는 우라늄핵 하나에서 2억 전자볼트의 자유 에너지가 발생한다고 계산했다. 원자들의 어떤 화학적 또는 물리적 반응도 없는 상태에서, 그렇게 엄청난 에너지가 발생하는 것이다. 모든 것이 들어맞았다! 이렇게 해서 리제와 프리쉬는 뜻밖에 이 새로운 에너지의 원천을 계산한 최초의 사람들이 되었다. 리제 마이트너는 새해 첫날, 즉 1939년 1월 1일 12시 30분에 즉시 베를린으로 한 통의 편지를 보냈다.

"우리는 너희의 연구를 정확하게 읽고 생각해보았다. 그렇게 무거운 핵이 파괴되는 것은 에너지 측면에서 가능한 일인 것 같다."

하루가 지난 후 오토 프리쉬는 흥분 상태에서 코펜하겐으로 돌아왔다. 그는 미국으로 막 여행을 떠나는 닐스 보어에게 쿵엘브에서의 구상을 설명했다. 보어는 손으로 이마를 치면서 소리쳤다. "아, 우리 모두는 얼마나 바보 같았는가!" 보어는 마이트너와 프리쉬의 계획된 연구가 발표될 때까지 미국에서 이 구상에 대해 아무 것도 말하지 않기로 약속했다. 리제 마이트너와 프리쉬는 물리학적인 실험을 더 해볼 계획이었다. 그리고 몇 번의 전화통화를 통해서 논문 발표를 약속하고, 새로 발견된 핵반응에 대해서 '파열(Zerplatzen)' 이라는 단어 대신 영어 단어인 '분열(fission)' 을 사용하기로 결정했다. 생물학에서 이 단어는 단세포 생물의 분열을 의미하는데, 리제가 설명하듯이 그것은 핵분열과 상당히 유사했다.

"높은 전하를 띤 우라늄핵의 경우, 그 속에 포획된 중성자를 통해서 핵의 움직임이 충분히 격렬해질 수 있다면, 핵은 길이 방향으로 당겨질 수 있다. 그러면 일종의 '허리 부분' 이 형성되고, 마침내 거의 크기가 같고 최초의 핵보다 더 가벼워진 두 개의 핵으로 나뉜다. 이 두 개의 핵은 서로 아주 격렬하게 반발하기 때문에 서로 다른 방향으로 날아간다."

1939년 2월 11일, 오토 프리쉬와 리제 마이트너의 '핵분열(nuclear fission)' 에 관한 최초의 연구가 모습을 드러냈다.
그 사이에 한과 슈트라스만은 그동안의 연구결과를 발표해서 세상을 놀라게 했다. 미국에 도착한 닐스 보어는 워싱턴에 있는 미국물리학회의 한 회의에서 이 새로운 핵반응에 대해 발표했다. 몇몇 과학자들은 이 놀라운 실험을 직접 자신의 실험실에서 재현하기 위해 보어의 말이 채 끝나기도 전에 회의장을 떠났다. 여러 논문들이 잇따라 발표되었고, 언론들은 이 주제를 앞 다투어 다루었다. 모든 연구자가 최초 발견자가 되려고 했다.

독일의 자연과학자인 이다 노닥−타케(Ida Noddack-Tacke)[†] 역시 자신이 핵분열을 최초로 발견했다고 주장했다. 즉 그녀는 자신이 1930년대 초에 한 학술잡지에 발표한 논문을 통해 무거운 초우라늄뿐만 아니라 다른 원소들을 찾는 데 자극을 주었다고 말했다. 그러나 그녀나 다른 과학자들은 한−마이트너−슈트라스만 팀이 수행했던 방향으로 실험하지 않았다. 오토 한은 이다 노닥으로부터 불유쾌한 편지 한 통을 받았다. 리제 마이트너는 다음과 같은 편지로 오토 한을 위로했다.

"네가 지금 이다와 편치 않은 관계에 있다니 유감이야. 나는 그녀가 좀 무식한 여자라는 것을 항상 알고 있었어. 그녀의 연구 자체에 대해서는 거의 기억하는 게 없는데, 이는 그녀의 연구가 얼마나 의미 없는 것이었는가 하는 증거야. 그게 어디에 발표되었지?" (1939년 3월 28일)

리제 마이트너와 오토 한 사이에도 오해와 긴장, 그리고 불신

[†] 노닥−타케(1896~1978)는 독일의 여성 화학자이며, 원소 레늄(Rhenium)의 발견자이다.

이 생겼다. 리제는 한과 슈트라스만의 이 놀라운 결과가 나온 후에 그전에 수행했던 그들의 연구가 공동으로, 즉 세 사람의 이름으로 철회(새 연구결과에 비추어볼 때 그전에 발표된 논문은 틀린 해석을 담고 있었기 때문이다—옮긴이)되지 않은 것에 상처를 받았다. 그러나 이는 오토 한이 서둘러서 연구 성과를 발표하려고 했기 때문에 불가피한 문제였다. 한편 오토 한은 특히 외국 신문들이 연구 성과를 혼란스럽게 보도함으로써 자신이 베를린에서 어떤 발견을 했는지조차 잘 모르고 있다는 인상을 만들었다고 불쾌해 했다.

오토 한은 프리쉬와 마이트너의 첫번째 논문 제목인 〈새로운 핵반응〉에 대해서 비판을 가했다. 논문에서는 마치 리제 마이트너만 그때 무엇이 발생했는지 인식한 것처럼 보이지 않는가? 오토 한은 그녀에게 보내는 편지에서, 자신과 슈트라스만의 연구가 제대로 평가되지 않는 것처럼 느껴진다고 말했다. 이 모든 것이 베를린 연구소의 차 마시는 시간에 속속들이 파헤쳐진다는 사실이 한에게 모욕감을 주었다. 몇몇 광적인 사람들은 그 일 뒤에 정치적인 배경, 말하자면 유대인의 음모 같은 것이 있다는 추측을 하기도 했다. 오토 한은 다음과 같은 말도 듣게 된다.

"……그 연구를 외부에 발표하기 전에 그들에게 연구결과를 일체 말하지 않았던 것은 옳았다. 만약 연구결과에 대해서 미리 말했더라면, 실제로 발표 후 며칠 지나지 않아서 일어난 상황처럼, 다른 연구자들이 물리학적으로 바로 증명했을지도 모른다. (나 개인적으로는 사실 그렇게 되었을 것이라고 확신하지 않는다. 물론 나는 너에게는 항상 연구 진행상황을 알렸지만 연구소에는 그렇게 하지 않았다는 말을 해서는 안 된다. 그러나 그 때문에 내가 아주 어려운 상황에 처했다. 한번은 우리가 원고를 곧바로 전달했는지 슈트라스만이 질문받은 적이 있는데, 슈트라스만이 현명하게 그 대답을 피해갔다)."(1939년 3월 3일)

리제 마이트너는 편지에서 오해를 산 인용에 대해서 사과했다. 그녀는 비난과 의혹 때문에 마음이 아팠다. 왜 몇몇 사람들은 그렇게 공격적일까? 그러나 리제는 어떤 부당한 일도 하지 않았고, 자신의 연구논문을 발표하기 전에 오토 한에게 그 논문을 부쳤다.

"우리가 원고를 미리 부쳤다는 것을 연구소 사람들은 잘 알고 있어. 나 자신이 변함없이 연결되어 있다고 느끼는 단체에서 신뢰를 잃고 싶지 않아. 이 문제가 내게 매우 중요하다는 것을 너도 이해할 거야."(1939년 3월 1일)

리제 마이트너에게는 또 다른 근심거리가 있었다. 자신의 모든 학문적인 도구와 문서를 베를린에 두고 와야 했던 것이다. 리제는 말 그대로 빈손으로 스톡홀름까지 왔다. 그리고 한과 슈트라스만은 그녀가 없는 가운데 연구 성과를 이루어냈다. 그 후 많은 사람들은 "나는 거의 아무것도 하지 않았고, 네(오토 한)가 달렘에서 물리학 분야에서까지도 완벽하게 성과를 만들어냈다."고 믿게 되었다. 리제는 "나는 점점 용기를 잃어가고 있다."고 하소연했다.

오토 한은 다음과 같이 리제 마이트너를 위로했다.

"네가 스톡홀름의 빈 연구실에 앉아 있을 때 우리가 이렇게 빨리 확실한 연구 결과를 얻었다는 사실을, 나는 종종 부끄럽게 여긴다. 나를 믿어주기 바란다. 서둘러서 연구 결과를 발표하는 바람에 이렇게 공격받고 있지만, 우리가 하루라도 빨리 진전된 연구 성과를 얻기를 원했다는 것은 너도 이해하리라 생각한다. 카를 마네 시그반(Karl Manne Siegbahn)†이 슈트라스만과 내가 물리학도 했다고 생각한다는데, 나는 네가 어떻게 그걸 믿을 수 있는지 이해할 수 없다. 우리는 연구 내내 물리학 분야는 절대 손대지 않았고, 화학적인 분석만 반복했을 뿐이다. 우리의 한계를 잘 알고 있기 때문이다. 물론 특별한 경우에는, 화학 분야의 연구만으로도 목적을 이룰 수 있다는 것을 안다."

그러나 리제 마이트너의 염려는 부당한 것이 아니었다. 실제로 물리학자 리제가 떠난 후에야 화학자들이 제대로 된 실험을 한 것처럼 비춰졌다. 한과 슈트라스만이 우라늄 핵분열에 성공했을 때, 리제가 베를린에 있지 않았다는 것은 분명한 사실이다. 리제가 초우라늄을 찾으려고 시작한 3년간의 공동연구를 그만두어야 했을 때, 나머지 두 명의 과학자가 계속 연구를 해서 결과를 얻어

---

† 리제 마이트너에게 연구 자리를 제공한 노벨연구소의 소장이다.

낸 것이다. 리제는 이러한 사실이 자신의 새로운 출발에 "결코 도움이 되지 않는다."는 것을 정확히 알고 있었다.

오토 한은 편지를 통해서 리제에게만 이 놀라운 연구의 진행 과정을 통보함으로써 그녀를 아직 팀원으로 생각하고 있음을 특별히 보여주었다. 리제는 1934년에 핵분열을 유도하는 실험을 처음 시작했다. 3년 이상의 연구를 통해서 한-마이트너-슈트라스만 팀은 우라늄 핵분열 발견을 위한 토대를 마련했다. 초우라늄을 발견하기 위한 잘못된 실험도 이 연구에 포함되었다. 당시에는 전 세계적으로 다른 실험실에서도 초우라늄을 발견하기 위해 노력하고 있었다. 리제 마이트너는 우라늄 핵분열이 처음으로 순수하게 화학적인 방법으로 밝혀졌다고 강조했다.

"……어떤 이론적인 지침 없이 ……화학자들은 물리학자들이 핵분열 과정을 불가능한 것이라고 설명했다는 이유로, 물리학자들 때문에 우라늄 핵분열 발견이 지연되었다고 말하곤 한다. 그러나 물리학과 밀접하게 관련된 화학 분야에서 이런 놀라운 성과가 나왔다고 해서 화학자들의 이런 견해가 정당화되는 것은 아니다. 물리학자들은 단 한 번도 그런 실험을 해본 적이 없었다. 핵분열이 발견되기 전까지는 누구도 생각할 수 없었던 일이다."

리제 마이트너는 베를린에서 거둔 그 놀라운 실험결과에 대해 들은 후 그런 결과가 일어날 수 있는 가능성에 대해 다시 생각해야 했다. 그리고 며칠 지나지 않아서 실험결과를 완벽하게 물리학적으로 해석했다.

"베르너 하이젠베르크(Werner Heisenberg)[†]는 '그 때문에 사람들이 우라늄 핵분열 발견을 두 연구자가 오랫동안 수행한 공동작업의 마지막 정점으로 보는 경향이 있는 것 같다'고 썼다. 그러나 이게 진실의 전부가 아닐지 모른다. 사람들이 와인을 한잔 하면서 한에게 자기 발견의 그런 측면에 대해서 물었다면, 그의 입에서는 아마, '잘 모르겠다. 어쩌면 내가 우라늄 핵분열 실험하는 것을 리제가 금할지도 모른다는 두려움이 있었던 것 같다'라는 말이 튀어나올 수도 있었을 것이다."

물리학적인 사고를 통해서 그녀가 그 실험을 막았더라면? 베를린과 스웨덴을 오간 편지에서 리제는 끊임없이 질문했고, 연구결과를 좀 더 확실히 하기 위해 새로운 실험과 검증을 하도록 유도했다. 그 때문에 프리츠 슈트라스만은 리제 마이트너를 핵분열을 함께 발견한 사람으로 생각했다.

그러나 오토 한은 핵분열 발견과 관련해서 리제 마이트너를 공개적으로 거론한 적이 한 번도 없었고, 슈트라스만의 이름조차 거

[†] 베르너 하이젠베르크(1901~1976)는 독일의 물리학자로, 1932년 양자이론에 대한 연구로 노벨물리학상을 받았다. 1941~1945년까지 베를린에 있는 카이저빌헬름 연구소 물리학 분과를 이끌었다. 여기서 핵반응에 대해 연구했는데, 미국인들은 그가 원자폭탄 연구에 참여한 과학자 그룹에 속했다고 믿는다.

의 언급하지 않았다. 그는 우라늄 핵분열의 발견으로 세계적인 과학자가 되었다. 그리고 1945년에는 우라늄 핵분열을 증명한 공로로 그에게만 노벨화학상이 수여되었다. 리제 마이트너의 망명을 도왔던 네덜란드의 물리학자 코스테르는 이 소식을 듣고 리제에게 편지를 썼다.

"오토 한이 노벨수상자가 되다니! 그는 확실히 상을 받을 만했습니다. 그렇지만 내가 1938년 당신을 베를린에서 도망치도록 도왔다는 사실이 지금은 참으로 안타깝게 느껴집니다. ……그렇게 하지 않았더라면 당신도 함께 수상자가 되었을 텐데 말이에요. 일이 좀 더 올바르게 처리되었더라면 우리 모두에게 더 큰 기쁨을 주었을 겁니다."

노벨상위원회에는 누구보다도 특히 노벨연구소 소장인 시그반이 속해 있었다. 노벨연구소는 리제 마이트너가 스웨덴 망명 후 일자리를 얻은 곳이었다. 베를린에서 한이 핵분열 발견에 성공한 후, 시그반은 리제 마이트너가 달렘에서 거의 아무것도 수행하지 않았다고 생각했다. 망명한 여성 물리학자는 이미 1939년에 이런 사실을 예감하고 있었다. 리제는 노벨위원회의 결정적인 회의의 세부 결과들을 뒤에서 몰래 들었는데, 그녀의 생각이 옳았다.

동베를린의 작가인 레나테 파일(Renate Feyl)은 리제 마이트너의 삶을 이렇게 요약했다. "그녀의 연구는 오토 한의 노벨상 수상으로 영광을 얻었다." 이 말은 한편으로는 맞지만, 부분적으로는 틀렸다.

리제 마이트너가 내성적인 성격으로 한의 그늘에 머문 것은 사실이다. 그녀가 여자로서 함께 일하는, 보조적인 일을 하는 동료로서 여겨졌다는 것도 사실이다. 리제 마이트너는 특히 여성이 독자적이고 위대한 연구 성과를 낼 수 있다는 것을 자연과학 분야의 사람들이 믿지 않는다는 사실을 살아가는 동안 자주 경험했다. 이런 측면에서 볼 때, 레나테 파일의 말은 여성과학자의 전형적인 운명을 집약적으로 보여준 것이라고 할 수 있다.

그러나 바로 리제 마이트너의 연구 분야인 방사능 분야에서는 당시에 완전히 '비전형적으로', 몇몇 여성과학자들이 위대한 일을 이루어냈다. 즉 퀴리부인을 선두로, 그녀의 딸 이렌과 화학자 이다 노닥 같은 과학자들이 있었던 것이다. 퀴리부인과 이렌은 노벨상을 수상했다. 리제 마이트너 역시 오토 한과 함께이거나 단독으로 몇 번 노벨상 후보에 추천되었다. 리제도 이런 사실을 잘 알고 있었다. 그러나 노벨상 수상에는 결국 정치적인 상황이 개입되었다. 리제 마이트너는 유대인으로서 나치로부터 도망쳐야 했고, 이것이 그녀의 운명이었다. 따라서 리제의 연구 일부분만, 단지 일부분만, 한의 노벨상 수상으로 영예를 얻었다고 해야 옳을 것이다.

리제 마이트너는 대중을 향해서나 친구들과의 대화에서, 또는 사적인 편지에서라도 우라늄 핵분열에 대한 공로로 오토 한만 노벨 화학상을 받았다는 사실을 비판하지 않았다. 리제는 한이 순수하게 화학적인 방법으로 핵분열을 발견했다고 종종 강조했다. 그러나 이 여성 물리학자는 한 가지 일에 대해서만은, 즉 자신의 독자적인 연구 성과가 제대로 인정받지 못했을 때는 분명히 화를 냈다. 리제 마이트너는 13년 동안 완전히 독자적으로 오토 한 없이 연구를 했기 때문이다! 1945년 12월에 친구 에파에게 보낸 편지는 리제의 심정을 잘 나타내고 있다.

"한이 노벨 화학상을 수상할 자격을 충분히 가지고 있다는 것은 의심의 여지가 없어. 그러나 이와 관련된 부수적인 일에서 오토 로버트 프리쉬와 나는 부당한 대우를 받았어. D.N.(스웨덴의 한 신문)의 한 기사는 거의 모욕적이었단다. 내가 정말로 한의 보조연구원이었을뿐만 아니라 여성 물리학자였고, 물리학 분야에서 몇 개의 제대로 된 연구를 했다고?"

뮌헨에 있는 독일박물관에는 한-마이트너-슈트라스만 팀이 베를린에 있는 카이저빌헬름 연구소에서 함께 실험하면서 사용한 책상이 놓여 있다. 벽에 붙어 있는 목록에는 핵분열 실험과 관련하여 슈트라스만의 이름이 나와 있다. 연구책상은 유리진열장 안에 놓여 있는데, 표지판에는 '오토 한의 연구책상'이라고 적혀 있다.

† 이 때문에 1990년대 말 특히 여성들이 많이 반발했고, 마침내 표지판에 있는 텍스트가 변경되었다. 연구책상에는 다음과 같은 새로운 문구가 적혀 있다. "실험장치, 여기에서 오토 한, 리제 마이트너, 그리고 프리츠 슈트라스만이 1938년 핵분열을 발견했다." 독일박물관 명예의 전당은 1903년 이래로 남자들만 받아들였는데, 1991년에 여성으로는 최초로 리제 마이트너가 명예의 전당으로 들어갔다. 리제 마이트너의 흉상 아래에는 다음과 같이 쓰여 있다. "이 여성은 방사능과 방사능화학 분야의 기초를 다졌으며, 그 공로를 늦게 인정받았다. 오토 한 그룹의 핵분열 발견과 해석은 그녀의 격려에 힘입은 바가 크다."

리제 마이트너의 이름은 어디에도 없다. 심지어 '보조연구원'으로도 언급되지 않았다.[†]

나는 마치 사막에서 사는 것 같다

· 스톡홀름에서의 망명생활, 제2차 세계대전 ·
1939-1945

리제 마이트너의 스웨덴 망명은 핵분열에 대한 이론적 해석이라는 큰 성공과 함께 시작되었지만, 그 출발은 대단한 실망스러웠다. 스웨덴의 물리학자이자 노벨상 수상자인 시그반이 소장으로 있던 노벨연구소로부터 제공받은 연구조건이 기대했던 것과는 너무 달랐다. 리제 마이트너에게는 연구원은 물론이고 실험기기조차도 제대로 주어지지 않았던 것이다.

"나는 지금 아주 우울해. 연구실은 하나 얻었지만, 이곳에서 나는 무엇을 요구할 만한 권한을 갖고 있지 않아. 너도 한번 상상해 보면 좋겠어. 예를 들어 네가 지금의 훌륭한 연구소 대신, 아무런 도움이나 권리도 갖지 못하는 상태에서 연구실만 갖게 되는 것을 말이야. 게다가 연구소장은 큰 기계만 좋아하고 자신감과 자존심으로 가득 찬 시그반 같은 사람인데, 나는 내적으로 불안정하고 소심하기만 할 뿐이야. 결국 나는 지난 20년 동안 하지 않았던 사소한 일들을 모두 해야만 해. 물론 그건 나의 잘못이지. 나는 훨씬 오래전부터 독일을 떠나올 준비를 했어야 했고, 아주 중요한 기구는 적어도 설계도 정도는 가지고 있어야만 했어."(1939년 2월 5일 오토 한에게 보낸 편지)

그녀에게는 자신이 잘못할 만한 일은 모두 잘못했다는 느낌이 서서히 몰려왔다. 게다가 그녀는 친구 에파 폰 바르-베르기우스로부터 시그반이 처음부터 연구실만 주는 것으로 생각했을 뿐 연구비나 연구원은 전혀 안중에도 없었다는 말을 들었다. 리제 마이트너는 체념상태에서 자기 자신, 자기 운명과 다투었다. 그녀는 자신이 새롭고 낯선 환경에서 자기 요구를 주장할 만한 그런 상황이 못 된다고 오토 한에게 편지를 썼다.

예순 살에 리제 마이트너는 거의 아무것도 없는 상태가 되었다. 그녀는 베를린의 연구소를 잃어버렸고, 그와 함께 그동안 쌓았던 학문적 연구도 사라졌다. 리제는 커다란 저택에서 가정부를 두고 살던 이름 있는 교수에서, 이제 관청에 가서 등록하고 '난민증서'를 받아야 하는 처지가 되었다. 그녀는 호텔방에서 살았다. 이 삶에 대해 리제는 엘리자베트 쉬만에게, "반 년간 짐은 가방밖에 없고, 끊임없이 어떤 서류들을 뒤지며 사는 동안 고향상실의 감정"을 느낄 수밖에 없었다고 말했다. 그녀의 급여는 온전한 조교의 급여 수준에도 미치지 못했다. 그녀는 아주 절약하면서 살았지만, 그 돈은 생활비가 비싼 스톡홀름에서 가장 필요한 것만을 위해 지출하기에도 모자랐다. 방값과 식비를 지불하고 나면, 그녀의 수중에는 겨우 우표와 시내버스비를 해결할 정도의 돈밖에는 남지 않았다. '병들면 어떻게 될지' 등에 대해서는 아무 생각도 할 수 없었다.

대학과 카이저빌헬름협회에서 일종의 연금으로 주어진 은퇴급여는 1940년까지 베를린의 통장으로 들어왔다. 처음에 그 돈의 일부는 빈에 있는 그녀의 형제들에게 송금되었다. 그러나 그녀 자신은 아무것도 받지 못했다. 독일로부터 《자연과학》이라는 잡지를 직접 구독하는 데 필요한 30마르크조차 한 번도 받은 적이 없었다. 그녀는 베를린에서 옷가지 일부만을 들고 왔을 뿐 책, 가구, 저축, 귀중품 등은 모두 두고 와야만 했다. 그곳에서는 그동안 오토 한과 엘리자베트 쉬만이 이 모든 것을 리제 마이트너에게 보내는 데 필요한 까다로운 서류들을 챙겨주었다. 그럼에도 아주 긴급하게 필요한 물건들이 베를린에서 오지 않았기 때문에 그녀는 버림받았다는 느낌을 받곤 했다.

그 사이에 그녀의 가족들 역시 오스트리아를 빠져나왔고, 형제 중 일부는 영국에서, 나머지는 미국에서 살게 되었다. 오토 프리쉬의 부모인 언니 구스틀과 형부 루츠 프리쉬는 스웨덴으로 왔다. 리제 마이트너는 1939년 5월에 그들과 함께 스톡홀름의 주택으로 이사 가려고 계획했다. 그녀가 호텔에서 나가기 3주 전까지도 그녀의 가구는 베를린에서 오지 않았다. 참담한 심정을 그녀는 오토 한에게 이렇게 토로했다.

"14일 전에 내 물건을 제발 받을 수 있도록 도와달라고 부탁하기 위해 찾아갔던 변호사가 오늘 전화를 해서 침대와 이불 등을 빌려주겠다고 말했어. 그러니까 30년 이상이나 일을 한 내가 아주 낯선 사람으로부터 침대를 빌리게 되는 지경까지 이른 거야."

리제 마이트너는 이사와 관련해서 베를린에 있는 변호사 'F. W. 이스라엘 아르놀트'와 편지를 주고받았다. 그의 이름에 있는 '이스라엘'은 1939년 1월 1일부터 독일에서 분명히 유대 이름이 아닌 모든 유대계 남성의 이름에 그들이 비아리아계라는 것을 나타내기 위해 붙여진 것이다. 변호사 사무실의 편지봉투에는 "유대인들을 법적으로 대변하기 위해서만 허가받음"이라고 쓰여 있었다. 아르놀트 박사는 그의 편지들을 규정에 따라 '리제 자라(유대인 여성의 이름에 유대인임을 나타내도록 삽입된 이름—옮긴이) 마이트너 교수(Prof. Dr. Lise Sarah Meitner)'에게 보냈다.

1939년 4월, 마침내 독일 제국문서관리청은 "금지된, 불온한, 또는 국가에 필요한 문서들"을 압수한 후 그녀의 서재에 있던 나머지 물건들을 풀어주었다. 그녀의 짐들이 스톡홀름에 도착했을 때 일부는 크게 손상된 상태였다. 네 개의 식탁의자 다리는 부러지고, 책장 받침은 갈라지고, 침대바닥도 망가져 있었다. 리제 마이트너는 운송회사에 보낸 편지에서 이 "조심성 없는 아주 거친 작업태도"에 대해 분노를 쏟아놓았다. 그녀는 어머니가 유언을 통해서 '그녀의 리제'에게 유산으로 준 이 가구들을 아주 소중하게 여겼다. 목수가 가구들을 다시 잘 맞추어놓았지만, 파괴와 상처는 그녀의 삶에 고스란히 남았다.

새 집으로 이사 온 후 리제 마이트너는 1931년에 베를린에서 쓰기 시작한 오래된 비망록을 꺼내들었다. 그녀는 흑회색과 연보라색 장식의 천으로 묶인 비망록을 넘기면서 감상에 잠겼다. 1938년 6월 27일의 마지막 기록 후 그녀의 삶은 얼마나 변했는가! 그녀는 새 페이지에 검은 잉크로 새로운 고향인 '스톡홀름'의 이름을 대문자로 적어넣었다.

리제 마이트너는 고독했을 뿐만 아니라, 자기 삶에서 아무런 의미도 찾지 못했다. 물론 그녀는 일에 몰두하려고 했지만, 그것은 내적으로 빈곤해지는 것을 조금도 바꾸어주지 못했다. 엘리자베트에게 보낸 그녀의 편지는 점점 더 우울한 분위기를 띠었다. 그녀는 내용물 없이 돌아가는 맷돌처럼 정신적인 기아상태에 빠진 것 같았다. 1940년 3월 리제 마이트너는 끝나지 않을 것 같은 겨울에 대해서 이렇게 하소연했다.

"나는 내적으로나 외적으로 얼어붙었다. 한때 내 개인의 삶에서 분명한 감사의 마음으로 좋아하게 된 모든 것이 사라져버렸거나 그 정반대의 것으로 바뀌었다. 정말 내 삶은 개인적으로 소망하는 것 없이 살게 될 것처럼 보인다. 그건 어떤 농부 이야기를 연상시킨다. 한 농부가 자기 소에게 먹는 습관을 버리도록 가르쳤는데, 그 소가 그걸 가장 잘 할 수 있게 되었을 때 소는 죽고 말았다는."

거친 스웨덴의 기후는 그녀의 건강도 손상시켰다. 그녀는 종종 감기에 걸렸고, 피로를 느꼈다. 그녀는 비타민 알약을 먹었지만, "비타민 알약으로는 삶에서 체험하는 것을 조종할 수 없다는 것"도 잘 알고 있었다. 그녀가 베를린으로 보내는 편지는 비통한 음조를 띠었고, 절망감도 섞여 있었다. 그녀는 자기가 베를린과 좋아하는 연구를 버리고 떠나야 했던 것이 마치 오토 한의 잘못이기라도 한 것처럼 그와 다투었다. 그녀는 강제로 쫓겨났고, 이해 받지 못하고 있다는 감정을 가지고 있었다. 그러나 그녀가 정작 어떤 일을 겪는지는 아무도, 엘리자베트조차도 정말로 알 수는 없었다. 리제 마이트너는 점점 더 소외감을 느꼈다. 그녀는 모든 사람들로부터 버림받았다는 감정을 갖게 되었다. 미국에 사는 제임스 프랑크에게 보낸 편지에서 그녀는 당시 자신의 삶을 "'흔들리지 않는 신의, 의심의 염려가 없는 우정의 조화'라는 괴테의 말이 실현 불가능한 환상이라는 것을 배운 가슴 아픈 수업"이라고 묘사했다.

1941년에 쓴 편지에서 그녀는 또 이렇게 고백했다.

"네가 편지를 쓰는 데 주저의 감정을 느낀다고 말한 것을 나는 잘 이해한다. 바로 오토와 막스(막스 폰 라우에)에게 쓸 때도 말이다. 왜냐하면 그 노래의 종결부가 좀 가슴아픈 것이기 때문이다. 그렇지만—이것도 아마 나의 개성 없음 때문일 터인데—나는 과거를 소중하게 여기고 싶고, 모든 끈을 잘라버리고 싶지 않다."

리제 마이트너는 베를린에 있는 친구들과 편지로만 연락한 것이 아니라, 그들에게 가끔 '소포'도 부쳤다. 소포는 한 달에 한 번 허용되었다.

1941년부터 마이트너 교수는 스톡홀름 연구소에서 다시 핵물리 강의를 하게 되었다. 수강자는 몇 명의 연구원이었는데, 그들은 이 분야에 대해 진지한 관심을 갖고 있지 않았다. 그녀는 자신이 정말 학문적으로 로빈슨 크루소처럼 섬에서 살고 있고, 나이 때문에 떠나지도 못하고 있다는 것을 체념에 빠진 상태에서 확인했다. 프랑크가 또다시 미국에서 자리를 마련해주겠다고 제안했지만, 그녀는 그 제안도 거절했다. 또다시 미지의 모험에 자신을 맡기고 싶지 않았던 것이다.

리제 마이트너는 가끔 교회에서 늙은 목사의 '이야기'를 들었다. '설교'라는 말은 다행스럽게도 그 목사에게는 어울리지 않았다. 목사가 미움과 체념은 인간이 그 가운데로 여러 차례 빠질 수 있는 낭떠러지라고 말했을 때, 이 말은 그녀의 마음을 울렸다. 그는 그런 감정은 아무런 결실도 맺지 못하기 때문에 피하는 것이 좋다고 덧붙였다. 리제 마이트너 역시 바로 그렇게 하려고 했다. "그러나 세계의 사건이 이 낭떠러지를 피하기 어렵게 만든다." 그녀는 그걸 너무 잘 알고 있었다. 망명생활에서 그녀는 분노와 배신감, 체념과 비참함을 확실히 알게 되었던 것이다.

시간이 지나면서 리제 마이트너는 스톡홀름에서 새 친구들을 사귀게 되었다. 노벨연구소의 조교로 일하던 젊은 시그바드 에클룬드도 그중의 하나였다. 그는 리제 마이트너의 도움을 받으며 독일어를 배웠다. 나중에 그는 리제 마이트너의 고향 빈에 자리 잡은 국제원자력기구 소장이 되어서 이 유명한 독일어 교사에 대해 자랑스럽게 이야기했다. 새로운 친구들이 생겼음에도 리제 마이트너는 이전의 모든 관계들의 상실을 극복할 수 없었다.

"나에게는 아주 친절하고 호의적인 사람들이 꽤 많다. 나는 종종 그들의 태도에 놀라기도 한다. 그럼에도 나는 사막에서 사는 것처럼 아주 고독하다."

그래서 1943년 가을에 오토 한을 만날 수 있었을 때 리제 마이트너는 아주 기뻐했다. 이 화학자는 예테보리와 스톡홀름에서 강연을 했다. 두 사람은 거의 매일 장시간 토론을 했는데, 이 토론으로 재회는 빛이 바랬다. 리제 마이트너는 나치만이 아닌 다른 독일인을 포함한 전 독일이 전 세계에 가져온 무시무시한 불행에 대해 책임이 있다는 주장을 폈고, 한은 이를 반박했다. 그러나 깊은 견해 차이에도 불구하고 "1938년 이후의 몇 년 동안보다는 더 좋은 친구"로서 헤어졌다. 적어도 리제 마이트너는 그렇게 느꼈다. 독일에 대한 자신의 입장을 그녀는 한에게 다음 문장으로 요약해서 말했다. "나는 가장 사랑하는 아이가 아무 희망 없는 상태에 빠진 걸 아주 분명히 보고 있는 엄마 같은 생각이 든다."

제2차 세계대전 중에 리제에게는 불만족스러운 연구와 고독 말고도 형제들에 대한 염려가 또 다른 짐으로 다가왔다. 형제들로부터의 편지는 점점 더 드물어졌다. 독일의 오랜 친구들로부터 편지가 오지 않거나 전투와 폭탄공격에 관한 신문보도를 접할 때마다 그녀는 친구들을 걱정해야 했다. 그녀는 집중하기가 아주 어려웠고, 끊임없이 "세계가 이 마녀의 사슬로부터 벗어나기만 했으면!" 하고 생각했다.

1945년 5월 8일, 나치 독일이 항복했다. 무시무시한 전쟁이 끝났다는 기쁨 속으로 자신과 친구들의 미래, 그리고 특히 독일에 대한 염려—이 나라가 자신의 역사적인 죄를 어떻게 해결할까?—가 섞여 들어왔다.

제2차 세계대전 후 리제 마이트너는 오토 한에게 우려와 비난의 내용이 동시에 담긴 편지를 보냈다. 나중에 그녀는 편지 첫 페이지 복사본에다 한이 이 편지를 받지 못했다는 표시를 했다.

"오토에게

이 편지를 가져갈 미국인이 금방 떠날 예정이야. 아주 서둘러서 편지를 쓴다. 나는 지금 하고 싶은 말이 너무 많아. 이 점을 염두에 두고, 나의 변함없는 우정을 확신하며 편지를 읽기 바란다.

나는 요 몇 달 동안 너에게 머릿속으로 아주 많은 편지를 썼어. 너와 라우에 같은 사람조차도 실제 상황을 파악하지 못했다는 것이 분명해보였기 때문이야. ……너희 모두가 정의와 공정에 대한 척도를 잃어버렸다는 것, 그것이 독일의 불행이야. 너는 1938년 3월에 유대인에게 아주 무서운 일이 저질러질 것이라는 회를라인의 말을 나에게 전한 적이 있어. 그러니까 그는, 계획된 그리고 나중에 저질러진 범죄에 대해서 모두 알고 있었던 거야. 그리고 그는 그런데도 당원이었지. 그럼에도 너는—또다시 그런데도—그를 아주 점잖은 사람으로 생각했고, 너의 가장 좋은 친구에 대해서 네가 어떻게 행동해야 할지를 그가 결정하도록 했어.

너희는 모두 나치 독일을 위해서 일했고, 어떤 수동적인 저항도 시도하지 않았어. 물론 양심의 가책을 좀 덜기 위해서 너희는 여기저기에서 곤궁에 빠진 사람들을 도왔어. 그러나 결과적으로 죄 없는 수백만 명이 살해당하도록 내버려졌고, 아무런 항의의 소리도 들리지 않았어.

나는 이 말을 너에게 써야 해. 너희와 독일을 위해서 너희가 무슨 일이 저질러지도록 했는지를 아는 것이 아주 중요하기 때문이야. 중립국인 이곳 스웨덴에서는 전쟁이 끝나기 오래전부터 전후에 독일 학자들을 어떻게 해야 할지 토론이 벌어졌어. 그렇다면 영국인과 미국인은 어떻게 생각할까? 나와 많은 다른 사람들은 이렇게 생각한다. 너희를 위한 하나의 길은, 너희가 너희 자신의 수동적인 태도를 통해서 일어난 일에 대해 책임이 있음을 자각하고 있으며, 또한 일어난 일을 되돌릴 수 있는 데까지 그 노력에 참여할 마음이 있음을 공개적으로 선언하는 거야. 그렇지만 많은 사람들은 그 일을 하기에는 너무 늦었다고 생각해. 이들은 이렇게 말한다. 너희가 처음에는 친구들을 배신했고, 그다음에는 너희의 젊은이들과 아이들의 생명을 범죄적인 전쟁으로 내몲으로써 그들을 배신했으며, 마지막으로는 전쟁이 이미 전혀 가망 없는 상태가 되었는데도 독일이 의미 없이 파괴되는 것에 대해 한 번도 저항하지 않음으로써 독일까지도 배반했다고. 너무 냉정한 말처럼 들리겠지만, 내가 너에게 이 모든 말을 쓰는 것이 진정한 우정에서라는 것을 믿어주기 바래.

나머지 세계가 독일을 동정해주리라는 것을 너희는 정말 기대할 수 없을 거야. 요 며칠간 우리가 들은 집단수용소의 참상은 참으로 믿기 어려운 것으로, 전에 우리가 우려했던 어떤 것보다 더 심각한 것이었어. 영국 라디오에서 벨젠과 부헨발트에 관한 영국인과 미국인의 아주 객관적인 보고서에 대해 들었을 때, 나는 소리 내서 울기 시작했고 밤새도록 잠들지 못했지. 그리고 네가 수용소에서 여기로 온 사람들을 보기라도 했다면……. 너는 아마 내가 아직 독일에 있을 때 너에게 자주 했던 말을 기억할 거야. 그때 나는 너희가 아니라 우리가 잠 못 이루게 되는 한 독일의 상황은 좋아지지 않을 것이라고 말했어. 그렇지만 너희는 잠 못 이루는 밤이 없었고, 보려고 하지 않았어. 그것이 너무 불편했던 거지. 나는 수없이 많은 크고 작은 예를 가지고 그걸 너에게 증명할 수 있을 것 같아. 내가 여기 쓴 모든 것이 너희를 돕기 위한 시도라는 것을 믿어주기 바란다.

모두에게 진심의 인사를 전하며…… 리제가"

나 자신은
원자폭탄 개발에 참여하지 않았다

· 히로시마와 나가사키, 끔찍한 명성과 첫번째 미국여행,
오토 한의 노벨상 수상 ·
1945-1946

1945년 8월 6일, 미국이 최초의 원자폭탄을 일본 히로시마에 투하한 그날, 리제 마이트너는 라디오를 듣지 않았고 신문도 읽지 않았다. 전화를 통해서야 그녀는 이 세상을 뒤바꿔놓은 사건에 대해서 알게 되었다.

"이날 어떤 기자가 나에게 전화를 해서, 이 폭탄에 대해서 할 말이 있느냐고 물었다. 나는 도대체 이 세상의 어떤 일에 대해서 이야기하는 것이냐고 되물었고, 그에게 대화상대를 잘못 골랐다고 말했다. 그러나 그가 '원자폭탄'이라고 말했을 때, 지난 여러 해 동안 계속 절반쯤 눌러놓았던 두려움이 되살아났다. 나는 알고 있었고, 이 모든 시간 동안 사실 알고 있어야만 했을 것이다. 즉 우리가 밖으로 튀어나오도록 도와준 이 에너지가 파괴적인 폭탄 제조에 이용되리라는 것을."

언론은 리제 마이트너에게 몰려들었다. 다른 모든 전문가들이 사라졌기 때문이었다. 오토 한은 다른 독일 과학자들과 함께 전승국에 의해 영국에 억류되어 있었다. 미국에서 비밀 폭탄제조를 수행했던 과학자들은 아직 연락이 되지 않았다.

1945년 8월 8일, 미국의 《해럴드 트리뷴》은 예순일곱의 오스트리아 여성인 리제 마이트너 박사의 수학적 계산이 원자폭탄 개발에서 중요한 역할을 했다고 보도했다. 미국에서 기자들은 리제 마이트너의 형제들을 찾아다녔다. 갑자기 아주 유명해진 그들의 여자 형제가 원자폭탄 개발에 얼마나 참여했는지 좀 더 알아보기 위해서였다. 어떤 독일 신문은, "1938년에 베를린에서 쫓겨난 오스트리아의 여성 물리학자 리제 마이트너 박사는 원자폭탄 발명에서 결정적인 부분에 기여했다."고 썼다. 그녀는 금세 '원자폭탄의 어머니'라는 타이틀을 얻었다. 미국의 한 통신사는 이 때문에 그녀가 살해위협을 당했다고 보도했다. 이 혼란, 이 소문과 억측 속에서 리제 마이트너는 항상 "오토 한 교수와 나 어느 누구도 원자폭탄 개발에 대해 아주 적은 기여도 하지 않았다."고 강조했다.

1945년 8월 9일에는 두번째 원자폭탄이 나가사키를 파괴했다. 리제 마이트너는 같은 날 18시 30분에 라디오를 통해서 1년 전에 죽은 미국 대통령 프랭클린 루즈벨트의 부인 엘레노어[†]와 생방송

[†] 엘레노어 루즈벨트(Eleanor Roosevelt, 1884~1962)는 교사, 기자, 미국 민주당원 등을 거쳤고 사회단체와 여성단체에서 활동했으며, 1949년부터 1951년에는 UN 인권위원회 의장으로 일했다.

으로 대담을 나누고 있었다. 방송은 미국의 NBC 방송국에서 뉴욕과 스웨덴 렉산드 사이를 중개하는 방식으로 진행되었는데, 이때도 그녀는 필시 나가사키 폭탄투하에 대해 아무것도 몰랐을 것이다. 엄숙하게 들리는 두 여성의 대담(상자의 글을 참조)은 원자폭탄이 전쟁을 최종적으로 종결시켰다는 인상을 강하게 받은 상태에서 이루어졌다. 리제 마이트너는 미국영어를 이해하고 영어로 대답하는 데 어려움이 있었기 때문에, 대담은 약간 일방적으로 진행되었다. 그녀는 이 라디오 방송에 대해 이렇게 논평했다. "그녀는 미국 여성을 대변했고, 나는 유럽 여성을 대변했다고 생각한다."

이 대담을 한 지 이틀 후에 리제 마이트너의 목소리가 다시 미국에 들렸다. 8월 11일, 어떤 라디오 방송에서 그녀가 미국에 있는 형제 중 하나와 이야기를 나눈 것이다. 9년 동안 그녀는 영국과 미국에 있던 형제들을 보지 못했다. 그녀가 9월에 집으로 날아온 미국으로의 초정을 아주 기꺼이 받아들인 데는 이러한 이유도 있었다. 미국으로 망명한 오스트리아 출신 물리학자 칼 헤르츠펠트(Karl Herzfeld)가 1946년 겨울학기 동안 워싱턴에 있는 미국 가톨릭대학 객원교수로 리제 마이트너를 초빙했던 것이다. 그녀는 반 년 간 머물 수 있었고, 모든 비용은 대학에서 부담했다.

리제 마이트너는 이 큰 여행을 준비하기 시작했다. 그녀는 영어실력을 더 향상시켰고, 강의를 준비했다. 그녀는 매일 최소 14시간씩 일했다. 그리고 워싱턴에 사는 자매에게 '아주 비물리학적인 편지'를 썼는데, 옷 걱정 때문이었다.

여성들은 책임을 지고 있다

루즈벨트: 이 새로운 발견이 어떻게 시작되었는지 그 극적인 역사에 대해서 읽었을 때, 나는 여성 한 명이 아주 중요한 역할을 했다는 것을 알았고, 큰 책임감을 느꼈다. 이 발견은 엄청난 위력을 지닌 것이다. 그러니까 한 여성이 그 발견에 참여할 기회를 지녔다면, 전 세계의 여성들은 그것이 미래에는 파괴적인 목표가 아니라 인류의 번영을 위해서 이용되도록 더 많은 염려를 해야 할 것이다. 리제 마이트너 박사, 나는 당신이 처음으로 원자폭탄 투하에 대해서 들었을 때, 그리고 이것이 파괴적인 전쟁을 종결시킬 수 있으리라는 것을 분명하게 깨달았을 때 어떤 생각을 했는지 묻고 싶다.

마이트너: 나도 당신의 견해와 같다. 여성들은 책임을 지고 있다. 우리는 우리가 할 수 있는 한 또 다른 전쟁을 막으려고 노력해야 할 것이다. 그리고 나는 원자폭탄이 이 무서운 전쟁—이곳과 일본에서의 전쟁—을 끝내는 것만이 아니라, 우리가 이 엄청난 에너지원을 평화적인 목적을 위해서 사용하게 되기를 원한다.

루즈벨트: 과학자로서의 당신은 분명히 모든 과학적인 발달을 기뻐할 것이다. 그러나 여성으로서 당신은 이 발달이 이 세계의 생명을 지키고 개선하는 데 이용되기를 크게 원해야 할 것이다. 당신은 원자에너지가 어떻게 통제되어야 하는지에 대해 어떤 의견을 가지고 있는가?

마이트너: 나는 모든 국가의 협력과 많은 노력을 통해서 모든 나라가 더 좋은 관계에 도달하는 것이 가능하게 되기를 희망한다. 이는 우리가 지난 몇 해 동안 경험한 무시무시한 사건들을 막기

위해서이다.

루즈벨트: 나는 언젠가 미국에 있는 우리가 퀴리부인과 마찬가지로 당신도 맞이하게 되기를 희망하며, 우리가 퀴리부인에게서 경험했던 위대함을 당신에게서도 똑같이 경험하게 되기를 희망한다. 왜냐하면 당신은 커다란 용기를 보여주었기 때문이다. 나는 당신이 이룩한 업적에 대해서 모든 여성이 자랑스러워할 것이라고 생각한다.

-1945년 8월 9일 이루어진 리제 마이트너와 엘레노어 루즈벨트의 대담 일부

"나는 너에게 창피를 주고 싶지 않고, 작센의 날씨마녀처럼 보이고 싶지도 않아. 사람이 늙으면 옷이 최고라고…… 이제 나에게는 옷에 관한 너의 실질적인 조언이 좀 필요해. 내가 생각할 때 미국에서는 옷이 상당한 억할을 하는 것 같아. 지금 나에게는 얼마 입지 않은 재킷이 있는데, 이것은 아주 덥지만 않으면 강의하는 데 적당할 거야. 하지만 여름을 위해서는 적당한 옷을 맞추어야 해. 나에게는 오후용 의복으로 두 개의 꽤 오래된 (베를린 시절의) 짧은 검정 실크옷이 있고, 저녁때 입을 옷으로 천으로 된 아주 단순한 검정옷이 하나 있어. 그리고 그것보다 좀 더 좋은 꽤 오래된 (베를린의) 저녁용 옷이 있는데, 이것은 빌로드 시퐁으로 된 것으로 팔길이가 7부이고 예쁜 진짜 레이스가 달려 있어. 레이스는 내가 특별한 기회에 만들어 붙이도록 했어. 그런데 내 생각엔 더 좋고 가벼운 저녁용 옷이 있어야 할 것 같아. 내가 그걸 워싱턴에서 살 수 있으리라고 생

각하니? 사람들은 그곳이 여기보다 더 싸다고 하던데. 그리고 미국에 적합한 옷이 어떤 것인지도 알고 싶어…….
……네가 어떻게 생각하는지 나한테 좀 알려주면 좋겠어. 오후에 초대받았을 때를 위해 점잖은 모자가 하나 필요할 거라고도 생각해. 지금 나에게는 밀짚모자가 하나도 없어. 왜냐하면 여기서는 (여기는 여름이라고 할 만한 때가 없다) 보통, 그리고 너무 사교적이지 않은 자리를 위해서는 항상 모피모자를 쓰고 다니거든. 그런데 그런 모자도 워싱턴에서 살 수 있을까? (1945년 11월 10일)

영국에 잠깐 내려서 런던에 사는 형제 발터를 방문한 후 리제 마이트너는 1946년 1월에 미국으로 날아갔다. 예순일곱의 늙은 여인에게 비행은 커다란 경험이었다. "대양 위를 날아간다는 의식, 이것은 아주 인상적이었다." 1월 27일에 그녀는 뉴욕에 도착했다. 그녀는 약간 감기 증상이 있는 데다가 놀란 상태에서 공공의 조명을 받아야 했다. 뒤에는 많은 마이크들이 있었고, 언론은 그녀를 향해 몰려들었다. 계속해서 원자폭탄에 관한 질문이 던져지자 그녀는 불편해졌다. 결국 리제는 《뉴욕타임스》 기자에게 "여기 미국에서 당신은 원자폭탄에 대해 나보다 더 많이 알고 있다."고 선언했다.

이 여성 물리학자는 망명의 사막으로부터 '정신병원'으로 들어왔다. 기자, 라디오 관계자, 영화업자들이 그녀에게 달려왔고, 이들은 끊임없이 그녀의 사생활에 대해 물었다. 그녀는 그들의 주제넘은 질문 어떤 것에도 대답을 하지 않았다. 국적에 대해서만 흔

쾌히 정보를 주었는데, 리제 마이트너는 항상 자신이 독일인이 아니라 오스트리아인이라는 것을 강조했다.

그러나 그녀는 이 소란스러운 관심을 즐기기도 했고, 모든 새로운 인상들을 탐욕스럽게 안으로 빨아들였다. 뉴욕에서 그녀는 고층건물들이 그다지 높아 보이지 않는 것에 놀랐다. 하지만 밤이 되면서 고층건물의 수많은 창문들에 불이 켜지고 스카이라인이 번쩍이자 그녀는 이 '장엄한' 광경에 압도당했다.

도착한 지 얼마 지나지 않아 리제 마이트너는 워싱턴에서 미국 대통령 해리 트루먼(Harry S. Truman)[†]을 만났다. 대통령 부부는 미국 '전국 여성 기자클럽'이 이 여성 물리학자를 위해 마련한 환영식에 참석했다. 여성 기자들이 리제 마이트너를 '1946년의 여성'으로 뽑았던 것이다. 그녀 외에 예술과 정치 부문에서 큰 업적을 거둔 열 명의 다른 여성들도 함께 영예를 얻었다. 이들 중에는 조지아 오키피(Georgia O'keefe) 같은 여성도 있었다. 리제 마이트너는 다음과 같은 장중한 말로 칭송받았다.

"그녀가 우리에게 어떤 의미를 지니는지 우리가 어떻게 몇 마디 단어로 말할 수 있겠는가? 전쟁을 끝냈고 이제 원자에너지를 평화적인 길로 이끌려는 이 여인을? 리제 마이트너, 인간의 영혼을 괴롭히는 모든 것에 대항하는 신의 선물. 리제 마이트너, 미래를 위한

---

† 해리 트루먼(1884~1972)은 1945~1953년까지 미국 제33대 대통령을 지냈다.

희망의 상징. 우리는 당신에게 '올해의 여성'이라는 상을 수여합니다."

신문보도에 따르면, 리제 마이트너는 이 영예를 눈에 띄게 감동하며 받아들였다. 자매 구스틀에게 보낸 편지에서 그녀는 이렇게 말했다.

"나는 클럽으로부터 예쁜 은그릇을 선물로 받았고, 아무 말도 할 필요가 없었다. 다만 몸을 숙여 감사표시를 하기만 하면 되었다."

2월 초에 이 오스트리아 여성은 워싱턴의 가톨릭대학에서 가르치는 일을 시작했다. 화·목·금요일에 그녀는 각각 한 시간씩 핵물리 강의를 했고, 세미나 하나를 개설했다. 보도자료를 통해 대학은 이 사실을 공공에 알렸다. 리제 마이트너는 홍보실의 초고를 고치고, 그녀가 '핵분열에 관한 나의 실험과 관련 있는' 모든 물음에 대해 기꺼이 답할 것이라는 문장을 지웠다. 이 보도자료에서도 그녀는 원자폭탄에 대해 언급했다.

"인류를 멸망시킬 수 있는 무기를 개발하는 것보다 지속적인 평화가 더 바람직하다. 나는 일본에 원자폭탄이 투하되었다는 소식이 들릴 때까지 원자탄이 개발되었다는 사실을 몰랐다. 나는 그것이 그토록 짧은 시간 안에 완성되었다는 것에도 놀랐다. 이 과학적인 발달에 기여한 남성과 여성들은 인정받을 만한 일을 했다. 그러나 이제 과학자들은, 원자에너지가 산업적·평화적인 목적을 위해서 이용될 수 있도록 그들의 모든 노력을 쏟는 것이 바람직할 것이다."

리제 마이트너는 자신이 원자폭탄 투하를 통해서 그러한 영예, 오늘날의 시각에서 보면 무시무시한 영광을 얻게 된 것을 견디기 힘든 것으로 느끼지 않았을까? 아마 그렇지는 않았을 것이다. 왜냐하면 동시대인 대다수와 마찬가지로 그녀도 원자폭탄이 제2차 세계대전을 더 빨리 끝나게 했고, 이로써 더 많은 희생을 막았다고 믿었기 때문이다. 더욱이 이 새로운 무기가 일본의 히로시마와 나가사키에 얼마나 처참한 결과를 초래했는지 어느 누구도 잘 몰랐다. 리제 마이트너가 1946년에 원자폭탄에 담긴 과학적 업적에 대해 경의를 표할 수 있었던 것도 이러한 상황에서만 이해될 수 있다.

미국에서 리제 마이트너는 자신의 자매와 가족뿐만 아니라 미국으로 망명한 많은 동료들도 만났다. 그녀는 막스 폰 라우에에게 "나는 독일이 미국에게 도대체 어떤 선물을 선사한 것인가 하는 생각이 드는 걸 억누를 수 없었다."고 썼다.

옛 친구 제임스 프랑크에게 보낸 편지에서 그녀는 자신이 세계의 미래에 대해 얼마나 걱정하는지 고백했다. 그렇지만 무엇이 인류를 위한 이성적이고 현실적인 해답일 것인가? 리제 마이트너는 아무런 답도 알지 못했다. 자신이 그걸 안다면, "나는 물리학을 떠나서 내 힘을 모두 거기에 쏟겠다."고 프랑크에게 힘주어서 말했다.

미국에서 보고 경험한 것에 대해 그녀가 모두 동의한 것만은 아니다. 그녀는 미국 대통령 트루먼이 그렇게 "비공식적으로 거의 남자애처럼 하고" 나타나고 "즐겁게 미소 짓는 소년 같은 인상을 주는 것에 대해 놀랐다." 이에 대해 그녀는 조카 프리쉬에게 보낸 편지에서 "이것이 아마 전형적인 미국식일 것이다."라고 간결하게 논평했다. 그녀는 "모든 기술적인 것에 대한 선호와 재능" 및 "과소평가 받는 것에 대한 두려움"을 전형적으로 미국적인 것이라고 보았다. 그녀가 미국의 정치적 상황을 얼마나 잘 관찰했는지는 미국에 대한 다음과 같은 언급이 보여준다.

"나는 일반적으로 미국인들이 꽤 유아적인 것을 지니고 있다고 생각한다. 이것은 매혹적이긴 하지만 자주 피상적인 것만 건드리고 지나간다. 나는 이곳에서 정치적인 문제가 다루어지는 방식에 대해 상당한 불안감이 들었다. 유럽 국가들을 위한 것은 거의 나타나지 않는다. 게다가 미국이 군사주의적이 되기 시작한다는 두려운 생각이 들기도 한다. 러시아에 대한 두려움과 원자탄을 통해서 커다란 군사적 우위를 점하고 있다는 의식은 이곳 사람들을 혼란스럽게 한다. 미국 과학자들은 이런 태도에 대항해서 제대로 싸움을 벌이고 있지만, 군이 훨씬 더 강하다." (1946년 4월 19일)

미국에 건너간 처음 석 달간 리제 마이트너에게는 무려 500통의 편지가 날라들었다. 그중에는 아주 많은 초대편지가 있었고, 독일에서 온 꽤 많은 부탁편지도 있었다. 독일 일간지들 역시 그녀의 미국여행에 대해 보도했다. 뷔르츠부르크의 아이히라는 여성은 '존경하는 여교수'에게, 돈은 가지고 있으니 크기 38/39의 신발을 두 켤레 보내줄 수 있겠느냐고 문의했다. 리제 마이트너는 그녀가 돌아간 후 이 소원을 채워주었고, 그 편지에다 '가져온 신발 두 켤레 보내줌'이라고 기록했다. 워싱턴에 있을 때 '오스트리아 민주여성연맹'의 명예회원이 되어 달라는 부탁편지도 도착했다. 그녀는 이를 받아들였다.

미국의 영화업자들도 리제 마이트너에게 접근했다. 그들은 그녀가 원자폭탄 탄생에 기여한 바를 극적으로 표현하려고 했다.

리제 마이트너는 이 제안을 거부했고, 나중에도 그런 제안은 모두 거절했다. 프리쉬는 자신의 회상록에서 그녀가 영화 속에 그려진 자기 자신을 보는 것은 "벌거벗고 브로드웨이 전체를 산보하는 것처럼 끔찍하다."고 말했다고 썼다. 리제 마이트너는 이렇게 아주 '사적인 인간'이었다. 그녀는 미국에 있을 때 계속해서 "나를 성가시게 하지 말아달라."고 요청했다. 여행을 떠나기 전뿐만 아니라 미국에 가서도 그녀는 "나 자신의 내적인 확신에 반해서 나의 아주 재미없는 삶에 대해서 쓰거나 쓰도록 하는 것을" 철저하게 거부했다. 그녀는 자신이 그럴 의무가 있다고 생각하지 않았다.

6월에 '기독교인과 유대교인의 전국회의' 리셉션에서는 이 여성 물리학자를 기리는 행사를 가졌다. 노벨상 수상자이자 워싱턴 대학 총장인 아서 콤튼(Arthur Compton)이 기념사를 낭독했다. 리제 마이트너는 우라늄 핵분열 발견에서의 학문적인 기여와 "세계시민에 대한 믿음, 핵시대를 평화의 시대가 되도록 하기 위해 새로 발견된 에너지를 평화적인 목적에 사용하도록 하려는 노력"에 대해 칭송을 받았다.

리제 마이트너는 많은 신문보도, 메뉴카드, 좌석카드, 입장권, 그리고 '여성기자 클럽'의 리셉션에서 트루먼 대통령과 함께 나온 사진들을 정성스럽게 보관했다. 짙은 갈색의 두꺼운 가죽앨범에다 그녀는 이 모든 것을 예쁘게 붙여놓았다. 캘리포니아의 한 신문에서 발견한 자신의 사진이 중앙에 놓인 십자낱말찾기도 기념물에 들어 있었다. 1946년 7월, 그녀는 네 개의 명예박사학위라는 큰 영예를 가지고 '퀸 메리' 여객선에 올라 미국을 떠났다.

이 여행으로 목공소에서의 '존재기'와 베를린 카이저빌헬름 연구소에서의 '형성기' 후에 마침내 세번째 시기인 그녀의 '인정기'—1933년부터의 정치적 사건들이 무자비하게 잘라내버린—가 시작되었다.

미국에서 그녀는 그곳에서 살면서 일하지 않겠느냐는 제안을 받았다. 그러나 그녀는 곧 일흔이 될 나이에 다시 새로운 나라에서 새로운 언어로 자신의 삶을 완전히 전환하고 싶지 않았다. 그녀는 유럽, 스톡홀름으로 돌아왔다.

에파 폰 바르-베르기우스에게 보낸 편지에서 그녀는 큰 여행을 한 후에 전보다 더 고향상실자인 것 같은 느낌이라고 고백했다. 옛 동료들과 가족들과의 재회를 통해 자신이 혼자라는 사실을 더 분명하게 느꼈던 것이다.

1946년 12월, 리제 마이트너는 노벨상을 받기 위해 스웨덴에

온 오토 한과 그의 부인 에디트를 스톡홀름에서 만났다. 카이저빌헬름협회는 영국 지배지역에서 아직 막스플랑크협회라고 불렸고, 오토 한은 그 임시 이사장이었다. 독일로부터의 방문은 리제 마이트너의 오래된 방명록에 "오랜 시간 후 이제 다시"라는 1946년 12월 5일자의 기록으로 남아 있다. 오토 한과 에디트 한은 서명 뒤에 괄호를 치고 "천일야화에서 나오는 것처럼"이라는 문장을 덧붙였다. 이는 리제 마이트너가 대접한 저녁에 대한 답례였다. 이틀 후 한 부부는 "또다시 리제의 집에" 왔다. 12월 10일에 스웨덴 국왕은 오토 한에게 핵분열 발견에 대한 업적으로 노벨 화학상을 수여했다.

오토 한의 스웨덴 방문은 리제 마이트너와의 논쟁으로 잔뜩 흐려졌다. 주제는 노벨상 같은 것이 아니라 정치적인 물음이었다. 그녀는 옛 동료가 독일이 러시아와 폴란드에서 했던 것과 똑같은 짓을 이제는 미국이 독일에서 한다고 불평할 때 그에게 아주 분명하게 반박했다. 리제 마이트너는 전에 제임스 프랑크에게 보낸 편지에서 나치를 미워하고 경멸했던 한조차도 얼마나 열심히 과거를 억누르려고 하는지 서술한 적이 있다. 한은 그녀에게 이렇게 말했던 것이다.

"독일이 원자폭탄 제조와 그토록 많은 사람들의 의미 없는 죽음에 대한 부담을 지지 않은 것에 대해 한은 다행이라고 말했다. 나는 그가 독일인들이 그토록 끔찍한 일을 저질렀기 때문에 그에 대해서 기뻐한다고 덧붙였다면 그가 그런 식의 말을 해도 되리라는 것을 분명하게 이해시키려고 애썼다……."

리제 마이트너는 "독일인들이 순전히 품위 때문에 원자탄을 만들지 않았다는 신화가 퍼지고 있는" 것도 이해할 수 없었다.

"……나는 한에게 말했다. 그런 옳지 않은 주장을 가지고는 독일을 도울 수 없다고. 그리고 연합군은 독일이 폭발적인 연쇄반응의 전제조건에 대해서 얼마나 놀라울 정도로 몰랐는지 정확하게 알고 있었으며, 또한 그와 같이 곧은 사람이 그토록 옳지 않은 도움의 수단을 취하는 것은 독일을 위해서 커다란 손해라는 것도. 그때 잠깐은 그가 무언가 깨닫는 것 같아 보였다. 그러나 그건 별 영향을 주지 못했고, 그의 모든 인터뷰에서는 똑같은 이야기가 흘러나왔다. 즉 그는 과거를 잊고, 독일에게 가해진 정의롭지 못한 일을 부각했다. 그런데 나 역시 그에게는 억눌러야 할 과거의 일부였기 때문에, 한은 평생의 연구에 대해서 이야기한 어떤 인터뷰에서도 우리의 오랜 공동연구는 물론이고 내 이름조차도 언급한 적이 없었다. 나는 한의 태도의 원인에 관해서 분노에 찬 질문들을 많이 받았다……. 그럼에도 나는 한이 자기 스스로는 비우호적이라는 것을 거의 의식하지 못했다는 것을 분명히 알고 있었다. 그리고 그는 내가 돌아간 후 아주 순진하게 나의 '위대한 우정'에 고마움을 표했다. 물론 그와 함께 있는 것은 종종 견디기 어려웠다. 그러나 나는 자세를 가다듬고 개인적인 논쟁은 하지 않기로 작정했다. 그리고 그걸 확고하게 지켰다."

리제 마이트너는 그녀가 판단할 때 행실이 올바른 많은 독일인들도 공유하는 한의 생각에 대해서 설명을 해보려고 시도했다. 그녀는 스스로 자신의 세대가 너무 늙어서 사태를 분명하게 보지 못하는 것이 아닌가 하는 질문을 하기도 했다. 어쩌면 모두? 그녀도 포함해서? 더 이상 그럴 힘이 없었을지 모른다. "어쨌건 그건 독일의 미래와 세계의 미래에 대해 불길한 예감을 준다."

나에게 감정이란 좀 그저 그런 것이다

· 전후 독일에 대한 거리두기, 인정과 영예, 케임브리지에서의 말년 ·
1946-1968

1947년 '운명을 좌우하는 문제'를 담은 편지가 리제 마이트너에게 도착했다. 그녀와 오토 한과 공동으로 카이저빌헬름 연구소에서 일했던 프리츠 슈트라스만이 이 여교수에게 마인츠대학 물리학과 학과장을 맡아서 독일로 돌아오지 않겠느냐고 물었던 것이다. 슈트라스만은 새로 설립된 막스플랑크 화학연구소에서 교수로 일하고 있었다.

리제 마이트너는 이 제안에 대해 매우 기뻐했다. 특히 그녀가 아주 높게 평가하는 슈트라스만의 제안이었기 때문에 더 그랬다. 그녀는 그에게 "아주 솔직하게 말하는데 이 문의가 당신에게서 오지 않았다면 나는 당연히 거절한다는 답변만 했을 것입니다."라고 답했다. 하지만 그녀는 새롭게 열린 예기치 않았던 가능성을 놓고, 다시 한 번 아주 세세하게 생각해보았다. 한편으로 그녀는 자신이 한 번도 떠난 적 없는 옛 활동무대로 돌아가고 싶은 열망을 느꼈다.

그러나 다른 한편으로 그녀는 어떤 것도 자신이 도망치기 전과 같은 상태로, 히틀러의 테러통치 전과 같은 상황이 되지도 않고 될 수도 없음을 알고 있었다. 그녀는 친구 에파 폰 바르-베르기우스에게 마인츠에서 온 제안에 대해 왜 '회피하는' 답을 했는지 이렇게 설명했다.

"나는 개인적으로 다시는 독일에서 살 수 없을 것이라고 생각해. 내 독일 친구들의 편지에서 읽은 것과 다른 쪽에서 독일에 관해 들은 것을 가지고 판단하건대 독일인들은 아직도 무슨 일이 일어났는지 파악하지 못하고 있고, 또 자신들이 개인적으로 겪지 않은 모든 잔혹한 일들을 까맣게 잊고 말았어. 이런 분위기에서 나는 숨을 쉴 수 없을 거야." (1948년 1월 10일)

그녀의 우려는 카이저빌헬름 연구소의 옛 연구원들이 소위 '세탁 증서(Persil-Schein: 1970년 독일에서 개발된 세제—옮긴이)'를 부탁한 것으로 인해 더 강화되었다. '세탁 증서'란 나치가 아니라는 것을 증명해주는 보증서 같은 것이었다. 리제 마이트너는 이 '소위 탈나치화'에 대해서 큰 의미를 부여하지 않았다. 왜냐하면 이것은 '단지 허위와 분노를 낳았기' 때문이다.

1947년 런던에서 엘리자베트 쉬만과 처음으로 다시 만났을 때에도 리제 마이트너는 서로 이야기하는 것이 얼마나 어려운지를 감지했다. 두 사람 중 누구도 터놓고 말하지 못했다. 엘리자베트는 리제에게 오스트리아로 돌아갈 생각은 없느냐고 물었다. 그녀는 깜짝 놀랐고, 오스트리아에서 한 번도 일을 한 적이 없기 때문에 그것은 가능한 일이 아니라고 대답했다. 엘리자베트의 생각은 오스트리아 사람들이 그녀를 위해서 자리를 만들어줄 수 있으리라는 것이었다. 그녀는 분명히 좋은 의도로 그러한 제안을 했지만 리제는 상처를 받았다. 그녀는 말 뒤에 숨어 있을 만한 의도를 추측하며 예민하게 반응했던 것이다. 상당한 충격을 받은 그녀는 한에게 보낸 편지에서 이렇게 물었다. "그녀(엘리자베트)는 그 말을 통해 독일이 나를 더 이상 원하지 않는다는 말을 하려고 했던 것일까?"

과거의 일들과 자기 내면의 비판과 우려에도 불구하고 리제 마이트너는 옛 동료들에게 다가갔다. 베를린에서 도망친 지 거의 10년 만에 그녀는 다시 독일 땅을 밟았다. 1948년 4월에는 그토록 존경했던 막스 플랑크의 추도식에 참석하기 위해 괴팅겐으로 여행했다. 그곳에서 그녀는 오토 한과 마인츠에서 제안한 자리에 대해 이야기를 나누었다. 그리고 여름에 그녀는 스톡홀름에서 최종적으로 거절한다는 답을 했다. 그녀가 오토 한에게 그렇게 결정한 이유를 설명한 이 편지는 히틀러 시대를 또 한 번 청산하고 정리하는 것이었고, 특히 민족사회주의에 대한 과학자들의 처신을 최종 평가하고 정리하는 것이었다.

"어쨌든 나는 마인츠의 자리를 받아들일 수 없다고 생각해. 나는 좋지 않은 생활조건에 대해서는 두려움이 별로 없어. 그러나 정신적인 멘탈리티에 대해서는 아주 큰 우려를 가지고 있지. 물리학 바깥에서 연구원들과 내가 다른 의견을 가지고 있는 모든 경우에 분명히 나는 이런 대답과 마주칠 거야. '그녀는 물론 독일의 상황을 모른다, 그녀가 오스트리아인이기 때문에, 또는 그녀가 유대인이기 때문에……'

얼마나 많은 과학자들이 히틀러에게 (확신을 가지고 또는 확신이 없이) 협력했는지에 대해 우리는 아주 많은 증거를 가지고 있어. 아인슈타인이 1933년에 미국에서 히틀러주의의 불행한 결과에 대해 경고했을 때 그는 즉각 과학아카데미에서 제명당했는데(1933년 4월 이전에), 이것은 아카데미의 소수 회원에 의해서 이루어질 수 있는 일이 아니었어.

거의 동시에 레욱스와 어느 화학자가 아인슈타인의 화학회 명예회원 자격 박탈을 제안했는데, 이 역시 이사진의 다수에 의해서만 결정될 수 있는 일이었지. 프랑크가 한 신문기사에서 교수직을 내놓는 이유에 대해 자기 아이들에게 자신이 '훌륭한 독일인임을 보여줄 수 있는' 가능성을 박탈당했기 때문이라고 설명했을 때, 괴팅겐 대학 교수 42명은 이에 대항해서 '그가 제3제국을 사보타주한다……' 는 선언문을 발표했어. 그렇다면 과학자 다수가 처음부터 히틀러에 반대했다고 말하는 것이 정말 맞는 일일까?……. (1948년 7월 6일 오토 한에게 보낸 편지)

하지만 다시는 독일 땅을 밟지 않고 독일에서 주는 영예는 하나도 받아들이지 않았던 아인슈타인과 달리 리제 마이트너는 화해의 손을 내밀었다. 그녀는 '막스플랑크 협회의 외부 과학자회원'으로 선출되었을 때 이를 받아들였다. 동시에 그녀는 이에 대한 자신의 동의를 카이저빌헬름협회가 1933년 이전에 그녀에게 제공한 아름다운 과학연구의 날들에 대한 감사표시로 해석해달라고 요구했다.

리제 마이트너는 1948년부터 오스트리아뿐만 아니라 독일연방으로부터 주어진 수많은 영예들을 받아들였다. 오토 한 상에 대한 감사말을 통해 그녀는 자신이 그러한 영예를 받아들이는 이유를 "정치적인 문제들을 제외하면, 독일에서 보낸 시기는 내 생애에서 가장 아름다운 것이었기" 때문이라고 말했다.

이 가장 아름다운 시기는 리제 마이트너가 1950년대 초에 베를린을 방문해서 '나 자신의 과거 폐허'를 지나갈 때 다시 한 번 아프게 눈앞에 떠올랐다. 그녀가 살던 관저는 거의 폐허가 되어 풀로 뒤덮인 곳이 되어 있었다. 그녀는 땅의 모양을 통해서 어디가 욕실이었고, 부엌과 온실이 어디였는지를 가늠해볼 뿐이었다. "달렘과의 재회는 좀 불편한 것이었다."

치유되기 어려운 옛 상처는 언제나 다시 터졌다. 특히 1953년에 자신의 강연과 그에 대한 기사에서 그녀가 '한의 오랜 연구원 리제 마이트너 여사'로 표현된 것을 알았을 때 리제 마이트너는 분노했고 동시에 우울해했다. 그녀는 오토 한에게 이렇게 썼다.

"1917년 카이저빌헬름 화학연구소 행정이사회는 나에게 공식적으로 물리학 분과장을 맡겼고, 나는 21년간 그 분과를 이끌었다. 너도 한번 내 입장을 생각해보기 바란다. 내가 나의 어떤 좋은 친구도 겪게 되기를 원하지 않는 15년의 시간을 보낸 후에, 이제는 학문적

리제 마이트너—1953년의 기록

언뜻 보기에는 마이트너 여사가 정말 우리의 전체 세계상에 결정적인 영향을 미쳤다고 상상하기 어렵다. 굽이 높은 구두를 신고 있어도 눈에 띄게 작아 보이는 이 귀여운 여인은 아주 부드러운 움직임과 따뜻하고 작은 음성을 가지고 있기 때문에, 내밀한 방에나 어울리지 과학연구소에 있으리라고는 상상할 수도 없다. 강의실에서도 그녀는 1000명의 청중 한 사람 한 사람에게 그녀가 직접 자기하고만 이야기한다는 느낌을 준다. 그녀는 가르침이나 강의를 하지 않는다. 그녀는 이야기하고, 아니 거의 재잘거린다. 사람들은 그렇게 생각한다. 갑자기 그녀의 강의노트가 강단에서 큰 소리를 내며 떨어지고, 그녀가 이것조차도 알아차리지 못할 그때까지. 그러면 사람들은 그녀가 재잘거리는 게 아니라 다른 것은 거들떠보지도 않고 자기 생각에만 몰두해서 일을 한다는 것을 발견한다.

그렇다고 리제 마이트너가 자신의 사고세계에서만 사는 것은 아니다. 이는 지금 스톡홀름에서 사는 이 여성이 강연 후에 교수들만 아니라 옛 연구원들에게 바짝 둘러싸였을 때 잘 나타난다. 그 중 한 사람이 묻는다. "교수님, 이제 저를 모르십니까? 저는 그때 연구소 사환으로 일했어요." 그녀는 그를 알고 있었고, 개개인을 모두 알고 있었다. 그것만이 아니다. 그녀는 부인들도 기억했고, 아들 교육이, 딸의 결혼이 어떻게 되었는지도 물었다. 두 번 연속해서 전사했다는 대답을 들었을 때 그녀는 충격을 받았다. 리제 마이트너는 동정심 많고 마음이 따뜻한 여인이기 때문이다.

—베를린 〈타게스슈피겔〉 신문 1953년 4월 10일

인 과거까지도 빼앗겨야 하는 것일까? 과연 이것이 공정한 것일까? 왜 이런 일들이 일어날까? 만약 네가 나의 오랜 연구원으로 표현된다면 넌 뭐라고 말할 수 있을까?"

이런 자리매김은 리제 마이트너의 반박을 받아 마땅한 것이었지만 그것이 현실이었다. 일부 과학자 동료들, 그리고 물론 대중들 사이에서 이러한 상황은 오래 지속되었다. 더욱이 자신의 세대가 점차 세상을 떠나 사라져감에 따라 그녀는 더 잊혀지기 시작했다. 1974년에 그녀의 옛 연구원인 슈트라스만은 이렇게 인정할 수밖에 없었다.

"그러므로 사람들은 왜 우리 청소년들이, 그리고 과학자 후속세대들까지도 이 비범한 여성에 대해서 아주 조금 알든지 아니면 전혀 모르는지 놀라서 묻는다."

제2차 세계대전 후 리제 마이트너의 연구 상황은 개선되었다. 그녀는 스톡홀름의 왕립공과대학에서 세 개의 작은 방을 얻었고, 기기들을 제공받았으며, 조교들을 다시 얻었다.

"내 나이에 그런 가능성이 주어졌다는 것은 기적이나 마찬가지다. 스웨덴에서는 핵물리학이 초보단계여서 내가 좀 유용할 것 같기 때문에 그런 가능성이 주어진 것 같다. 그러니 정말 감사한 일이다."
(1946년 8월 31일 에파 폰 바르-베르기우스에게 보낸 편지)

1947년 말 스웨덴 제국의회는 그녀에게 걸맞은 급여와 함께 연구교수직을 승인했다. 이제 재정적인 걱정은 없어졌다. 그런데 막스플랑크협회에서는 이 새로운 '꽤 높은 급여'를 그녀의 은퇴연금과 상쇄하려고 했다. 그녀는 지난 9년 동안 조교 월급조차 받은 적이 없었기 때문에 협회에서 그렇게 하려는 것을 아주 불공평하다고 생각했다.

리제 마이트너의 삶은 제자리를 찾았다. 그녀는 프리쉬의 양친이 늘그막에 아들이 있는 케임브리지로 이사 간 후 스톡홀름에서 혼자 살았다. 1948년 그녀는 스웨덴 국적을 받아들였다. 스웨덴 제국의회는 그녀의 이름을 거명한 결의를 통해 그녀가 오스트리아 국적을 보유하는 것도 허용했다.

그녀는 오스트리아인으로 남는 것을 허용받기 위해서 오스트리아 공관에 500크로넨을 지불해야 했다. 이미 1922년에 그녀는 "……당시 나의 고향권리, 즉 라인츠의 빈민주택에 대한 권리를 잃지 않기 위해서" 상당한 양의 돈을 지불했다. "그렇다, 멍청한 짓은 돈을 요하는 것이다."

새 스웨덴 여권을 지닌 이 백발의 노인은 아직 아주 정정했다. 그녀는 집에서 연구소까지 1킬로미터나 되는 길을 매일 걸어다녔고, 휴가 때는 숲을 돌아다니고 높은 산에 올라갔다. 등산은 주로 오스트리아에 있는 산으로 다녔다.

"나는 며칠 전에 티롤에서 돌아왔는데, 거기서 아주 잘 쉬었고 정말 좋은 시간을 가졌다. 힌터툭스는 높이가 1500미터인데, 1000미터까지 올라가는 것은 특별히 즐거운 일이었고, 내가 아주 쉽게 그걸 해냈다는 것은 작은 보상감을 주었다. 오스트리아의 산들은 나의 진짜 고향이다. 그리고 어디에서나 자기 언어로 말하는 것을 듣는 일은 부가적인 즐거움이다." (1950년 8월 20일 아르놀트 플라머스펠트에게 보낸 편지)

스웨덴에서 리제 마이트너는, 많은 친구들이 그녀를 배려해주고 연구 상황도 좋아졌지만 한 번도 고향처럼 느낀 적이 없었다. 그녀는 여전히 스웨덴어를 확실하게 구사하지 못하는 외국 여성이었다. 그리고 그것으로 인해 "나는 모든 일 바깥에 있었다." 그녀의 나이에 외국어를 제대로 습득하는 일은 큰 힘을 요구하는 것이었는데, 그녀가 과학연구를 하면서 부가적으로 해나가기에는 너무 어려운 일이었다. 리제 마이트너는 그녀의 "……새로운 삶을 정말 제대로 감당하지 못한다."는 감정을 지니고 있었다.

"그것은 바뀔 수 없는 것이다. 따라서 그것을 주어진 것으로 간주하고, 항상 어디서 어떻게든 선물로 받은 좋은 것을 붙잡는다." (1957년 12월 20일 엘리자베트 쉬만에게 보낸 편지)

리제 마이트너는 1953년 11월 7일 생일날 진짜 선물을 경험했다. 그녀는 75세가 되었다. 리제 마이트너는 70세 생일 때와 마찬가지로 지방신문에 25크로넨을 지불함으로써 자신의 기념일에 대한 보도가 나오는 것을 막았다. 그녀는 이렇게 하면 모든 사람이 실제로 마음으로부터의 우정에서 축하하러 온다고 확신했다. 그녀에게는 150개가 넘는 편지와 전보가 왔다. 외국에서도 많이 왔고, 학생과 동료들로부터도 많이 왔다. 리제 마이트너는 감동했다. 그녀는 아주 많은 꽃을 받았기 때문에, 그녀의 집은 생일 두 주일 후에도 '꽃밭'처럼 보였다.

생일에는 그녀가 가장 좋아하는 형제 발터와 조카 프리쉬도 왔다. 이들은 리제 마이트너의 스웨덴 친구들과 함께 공동 선물을 마련하는 데도 참여했다. 11월 7일 이른 아침에는 축음기가 아주 예쁜 음악소리를 내며 생일 맞은 '아이'를 깨웠다. 리제 마이트너는 '즐거운 날을 위한 좋은 서곡'이었다고 회상했다. 엘리자베트 쉬만은 스웨덴으로 책선물을 보냈고, 오토 한은 조금 특별한 것을 생각해냈다. 그는 베를린의 리아스 방송(RIAS)을 통해서 옛 동료를 위한 축하인사를 했고, 이것을 리제 마이트너는 11월 11일에 스톡홀름에서 들을 수 있었다. 그녀가 이에 대해 전보로 전해 들었을 때 그녀는 '즐거움에 압도당하지 않기 위해' 아주 조심해야 했다.

리제 마이트너는 그녀의 삶과 화해했다. 그녀는 남동생 발터에게 보낸 편지에서 이렇게 말했다.

"얼마 전에 발견한 아주 아름다운 괴테의 시가 너무 마음에 든다. 시에서는 나이 들면서 사라져간 좋은 것들이 하나하나 나열된 후에 마지막으로 '남아 있는 것으로 충분해, 아이디어와 사랑이 남아 있지'라는 말이 나온단다."

일은 리제 마이트너에게 다시 즐거움을 주었다. 물론 그녀는 오토 한에게 전과 같은 속도로 일하는 건 생각할 수 없다고 말했다. 그녀는 다시 핵분열 연구에 몰두했고, 분열이 대칭적으로 일어나는지 비대칭적으로 일어나는지가 어떤 것에 좌우되는지 숙고했다. 그녀는 이에 대한 논문을 《네이처》에 발표했다. 1950년 발표된 〈원자핵의 분열과 껍질모형〉이라는 제목의 글은 리제 마이트너의 마지막에서 두번째이자 최후의 중요한 학문적 발표였다. 그녀가 2년 후 실험 연구를 완전히 포기할 때까지 발표한 논문은 거의 150편이 되었다.

"나는 머리가 돌아가지 않으면 과학 연구를 그쳐야 한다고 생각한다." (1952년 10월 15일 오토 한에게 보낸 편지)

1953년에 그녀는 왕립공학아카데미를 위해 연구용 원자로를 건설한 시그바드 에크룬드 연구소의 그녀를 '배려한 시설이 갖추어진 연구실'로 옮겨갔다. 리제 마이트너는 그녀의 '노인방'에서 편안했다. 그녀는 매주 한 번 과학 콜로퀴움에 참석했고, 그녀의 전문분야인 핵물리학의 연구동향을 쫓아가려고 노력했다.

시간이 있으면 그녀는 오스트리아와 독일의 친구들을 즐겨 방문했다. 그녀는 독일연방의 '푸르 르 메리트' 훈장을 자신에게 수여한 테오도르 호이스 대통령을 만났다. 또한 린다우 노벨상 수상자 회의에도 초청되어 갔다. 1959년에는 베를린으로 날아가서 한-마이트너 핵연구소 낙성식에 참석했다. 그녀는 모든 옛 동료들과의 재회를 즐겼다. 그것은 아주 편안하고 즐거웠다.

리제 마이트너는 여성회의와 여성학자회의에서 즐겨 부르는 손님이었다. 그녀는 독일과 오스트리아, 스웨덴과 미국의 여성들 앞에서 자신과 다른 여성과학자들의 생애에 대해 이야기했다. 그녀는 또한 평등권이란 주제에 대해서도 언급했다.

"마리 퀴리나 이렌 졸리오-퀴리 같은 여성 과학자들, 작가 젤마 라거뢰프와 플로렌스 나이팅게일이 이룩한 것 같은 특별한 업적들은 개별 사례로서 시중의 편견을 뒤집을 수 있겠지만, 그럼에도 편견은 존속한다. 그것은 주로 중산층 직업을 지닌 여성을 향해 있고, 특히 지도적 위치의 여성을 향한 것이다. 공장 노동자로 일하는 여성들에게는 아무도 항의하지 않는 것 같다. 그런데도 나는 산업체에서 지도적인 위치를 가진 여성을 아무도 알지 못한다."

리제 마이트너는 얼마나 많은 편견이 여전히 존재하는지 아주 잘 알고 있었다. 그녀가 1948년 오스트리아 과학아카데미의 첫번째 여성 외국 교신 회원이 되기로 정해졌을 때, 그녀의 선출은 몇몇 과학자 동료들의 격렬한 저항을 뚫고서야 이루어질 수 있었다.

슈테판 마이어는 빈에서 그녀에게 편지를 보내 "우리는 아직도 여전히 여성을 그러한 단체에 들여놓지 않으려는 완고한 사람들이 있다는 사실에 주목하지 않으면 안 됩니다."라고 말했다.

이 여성과학자는 '빈 자연과학상' 상금의 일부를 자신이 아주 흥미 있게 읽는 보고서를 내던 오스트리아 여성학자연합에 기부했다. 그런데 이 여성들이 어떤 글에서 여학교의 교장직은 원칙적으로 여성에게만 맡겨야 한다고 요구했다. 리제 마이트너는 자리를 채울 때 평등권을 위한 싸움이 '유감스럽게도 필요하다'는 것을 알고 있었지만, 이 요구에는 '문제가 있다'고 생각했다. 그녀는 이런 물음을 던졌다.

"그것이 결국 남자학교에서는 여성을 채용하지 않는 상황을 가져올 수 있지 않을까? 그리고 어린 학생들이 성장할 때 남성뿐만 아니라 여성으로부터도 영향을 받아야 하는 것 아닐까?"

1962년 11월 괴팅겐대학에서는 리제 마이트너에게 "전 세계에서 인정받는 여성연구자이자 모든 과학 분야에서 일하는 여성들의 표상으로서 그녀가 성취한 업적을 기려서" 도로테아 슐뢰처[†] 메달 수여라는 영예를 주었다. 리제 마이트너는 자신이 삶을 통해서 여성들—특히 자연과학에서도—이 커다란 업적을 낼 수 있음을 보여주었다는 점을 잘 알고 있었다. 그녀는 투쟁하는 여권운동이 아니라, 자신의 사례를 통해서 여성의 동등한 대우를 위해 기여한 것이다. 시그바드 에크룬드는 그녀와의 대화를 통해서 "그녀가 이를 자랑스러워했다."는 것을 알았다.

---

† 도로테아 슐뢰처(Dorothea Schlözer, 1770~1825)는 1787년 여성으로는 최초로 철학박사 학위 시험에 통과했다.

과학연구를 그만둔 후에도 리제 마이트너는 이 다른 세기의 주제에 대해 많은 강연을 했고, 회의에 참가했다. 첫번째 원자폭탄이 폭발한 날인 1945년 8월 6일 이래 그녀에게는 걱정거리 하나가 떠나지 않았다.

"모든 일이 어떻게 전개될까? ……국제적인 상호이해, 비밀취급의 철폐, 그리고 국제적인 통제가 실현되어야만 한다. 그렇지 않으면 인류는 가망 없는 몰락의 길을 걷게 될 것이다."

1953년에 리제 마이트너는 '과학과 자유'라는 세계 과학자회의 명예위원회에 유일한 여성 위원으로 들어갔다. 함부르크에서 열린 이 회의에는 옛 베를린의 동료인 오토 한, 막스 폰 라우에, 제임스 프랑크, 그리고 '원자폭탄의 아버지'인 로버트 오펜하이머 (Robert Oppenheimer)와 철학자 버트란트 러셀도 참가했다. 리제 마이트너는 정치에 큰 관심을 가지고 있었지만, 정치적인 문제에 대해 공적으로 발언하는 것은 삼가했다. 함부르크 회의에서 그녀는 어떤 기자에게 자신이 이 문제를 다룰 자격이 있다고 느끼지 않는다고 말했다. 리제 마이트너는 계속해서 조심스럽게 행동했고, 1950년대에 원자군비에 대항해서 작성된 수많은 선언 중 어떤 것에도 서명하지 않았다.

단 한번 그녀가 예외적으로 행동한 적이 있다. 1955년 그녀의 이름이 어떤 항의 편지에 나왔던 것이다. 이때 문제가 된 것은 원자탄이 아니라 슐뤼터 박사라는 네오나치가 니더작센 주의 교육장

관으로 임명된 것이었다. 이에 대해 외국의 많은 인물들이 그녀와 함께 반대 목소리를 냈다. 여든이 다된 나이에 리제 마이트너는 국제연합의 원자에너지의 평화적 이용을 위한 제2차 국제회의에 참가했다. 쥬네브의 회의에서 그녀는 스웨덴 대표단이었다. 그녀는 군비경쟁이 종결될 수 있다고 믿었고 희망을 가졌다.

    리제 마이트너는 순수한 과학이라는 이상을 확고하게 간직했다. 그녀는 "과학의 유용성이라는 개념이 너무 강조되는 것이 근본적인 자연법칙의 이해에 대한 즐거움을 점점 오염시킨다."고 불평했다. 그녀가 생각하는 인상적인 과학자는 인식을 위해서 연구하고 자신의 지식을 어떤 유용한 것이나 응용에 사용되도록 내주지 않는 연구자였다. 리제 마이트너는 이러한 자신의 이상이 오늘날의 세계에서는 거의 설 자리가 없다고 느꼈다. 그녀는 오펜하이머 사건, 원자폭탄 탄생에 관한 보도를 읽었다.

원자폭탄 제조에 참여했던 모든 사람이 어떻게 끊임없이 감시당하고 편지검열을 당하고 전화 도청을 당하는지 알게 된 그녀는 "우리가 어떤 세상에서 살고 있는 건가?"라고 물었다. 세계는 더 이상 리제 마이트너가 성장한 그 세계가 아니었다.

    "모든 것이 아주 어려워졌다. 왜냐하면 우리가 이제는 존재하지 않는 낡은 기초에 매달려 있기 때문이다. 정치에서도 상황은 예술의 경우와 다를 바 없다. 도처에서 새로운 기초, 새로운 표현형식을 찾는 일이 벌어지고 있다. 그러나 서로 이해하고 상호공감하려는

의지는 별로 없다. ……우리는 느리게 배운다. 그렇지만 나는 언젠

대가 없는 진리추구

과학연구가 인류에게 엄청난 진보를 가져다주지만 또한 끔찍한 고통도 초래한다는 딜레마는 아주 일반적으로 존재한다.

그럼에도 과학은 인류의 발전에서 아주 가치있는 요소가 아닐까? 그것은 사람들을 대가없는 진리추구와 객관성으로 나아가도록 교육하고, 사실들을 인정하고 놀라고 감탄할 수 있도록 가르친다. 자연현상의 법칙성이 진정한 과학자에게 선사하는 깊은 즐거움과 경이에 대해서는 아예 언급하지 않는다고 해도.

물론 과학이 우리가 개인으로서 그리고 크고작은 사회의 구성원으로서 어떻게 행동해야 할지에 대한 지침을 줄 수는 없다. 그러나 과학은 사람 속에서 그의 행동을 윤리적인 기본지침에 맞추도록 하는 성질을 계발한다.

순수한 지식에 대한 깊은 즐거움은 모든 현상들에 대한 어느 정도 크고 정확한 척도를 제공할 수 있고, 좁은 일면성에 갇힐 위험성으로부터 그를 보호할 수 있다. 순수과학은 이런 식으로 사람들에게 영향을 줄 수 있다. 물론 과학이 항상 그렇게 한다고 주장하는 것은 아니다.

그럼에도 기술발달이 인간을 거의 해결 불가능한 어려움에 빠져들게 했다면, 그것은 과학의 '나쁜 정신' 때문이 아니라, 우리 인간이 이미 그리스인이 추구했던 '높은 인간됨'에 도달하는 것으로부터 멀리 떨어져 있기 때문이다.

-리제 마이트너의 강연에서

가 다시 합리적으로 배치된 세계가 존재하게 되리라고 믿는다. ……내가 그것을 경험하지 못하게 될지라도."

그녀가 '그토록 좋아했던 과학의 찬란한 상' 위에 그림자가 드리워졌다. 모든 경이로운 과학적 업적 뒤에는 나쁜 응용가능성이라는 유령이 잠복해 있다. 오래전 목공소에서 그녀는 아직도 '과학의 경이로움'에 대해서 믿었고, 과학자들도 거의 믿었다. 그런데 이 믿음은 '비눗방울'처럼 터져버렸다. 1950년대 말에 세계는 동과 서로 갈라졌고, 점점 더 많은 돈이 군사 연구로 흘러들어갔다. 리제 마이트너는 국제적인 상호 이해에 대한 전망이 보이지 않는다는 것을 확인할 수밖에 없었다.

"유감스럽게도 지금까지 훨씬 앞서 나간 것은 악을 향한 어두운 길, 즉 '서구의 몰락' 뿐만 아니라 인류 전체의 몰락을 초래할 수 있는 죽음의 무기 제조 경쟁이다. 우리는 마지막에는 이성과 정의에 대한 의식이 잘못된 길을 제거할 것이라는 희망을 하고 싶다. 그러나 옛날 금언 중에는 '네가 생각하는 것보다 더 늦게 이루어진다' 라는 말이 있다."

1959년 리제 마이트너는 다시 미국으로 가서 브린마워대학에서 강연을 했다. 그녀는 세계 도처에서 유학을 온, 일부는 리제 마이트너가 확인했듯이 아주 높은 지식 수준을 지닌 젊은 여학생들과 이야기하기를 즐겼다. 여든하나의 여교수에게는 사람들과 항상 함께 있는 일과 계속해서 영어로 이야기하는 일이 힘들었지만, 돌아온 후 그녀는 "미국 여행은 아주 좋았다."고 말했다. 리제 마이트너는 다시 한 번 젊어지고 싶어 했다. 그녀는 오늘날의 젊은이들이 노인들보다 자신의 길을 찾는 일을 더 힘들어할 거라고 생각했다. '히틀러에도 불구하고' 노인들은 그들보다는 쉽게 길을 찾았다. 리제는 옛 친구 제임스 프랑크의 딸에게 보낸 편지에서 "젊은이들이 경험은 훨씬 많이 하지만, 그중에서 남는 것은 적다."고 말했다.

1960년 리제 마이트너는 자신의 오래된 방명록에 마지막으로 케임브리지라는 새 도시의 이름을 볼펜으로 써넣었다. 글씨는 이미 조금 떨리고 있었다. 그녀는 조카 프리쉬와 그의 가족 가까이에 있기 위해 오래된 영국 대학도시로 이사 갔다. 그녀의 건강은 상당히 나빠졌고, 스웨덴에서 의사의 권유로 담배도 이미 끊은 상태였다. 그녀는 1층에 위치한 실용적이고 현대적인 작은 개인주택을 샀다.

새로운 집은 식당, 부엌, 욕실, 그녀의 침실과 가정부를 위한 침실로 이루어져 있었다. 리제 마이트너는 귀가 점점 들리지 않게 되었지만, 할 수 있는 한 현대 물리학과 보조를 맞춘다는 욕심을 가지고 있었다. 그녀는 끊임없이 '오토-로버트-질문' 목록을 작성했다.

"그리고 나는 이미 수년 전에 정말 기분 좋게 농담조로, 아니 진지하게 '전에는 오토 로버트가 내 조카였는데, 이제는 내가 그의 이모다'라고 말했다. 나는 이 변화에 아주 만족한다."

1963년 시그바드 에크룬드는 핵물리학의 '노 여인'을 빈으로 초청했고, 여기서 리제는 자신의 삶에 대해 이야기했다. 그녀의 강연은 《리제 마이트너 뒤를 돌아보다》라는 제목으로 인쇄되어 나왔다. 그녀는 자신의 삶을 이 책 첫부분에 나와 있는 인용문으로 요약했는데, 그 뒤에다 이렇게 덧붙였다.

"제1차 세계대전과 제2차 세계대전, 그리고 그 결과는 내 삶을 복잡하게 만들었다. 그럼에도 내가 충족된 삶을 산 것은, 내가 살아오는 동안 이루어진 물리학의 경이적인 발달과 물리학 분야에서의 내 연구를 함께 만들어낸 사랑스러운 사람들 덕분이다."

1964년 크리스마스에 리제 마이트너는 친척들을 방문하기 위해 마지막으로 미국에 갔다. 돌아온 후 그녀는 심장마비로 고생했지만 요양원에서 다시 꽤 잘 회복되었다.

2년 후에 다시 큰 영예가 주어졌다. 1966년 미국 원자에너지청에서 미합중국 엔리코 페르미상을 처음으로 비(非)미국인인 한-마이트너-슈트라스만 팀에게 수여한 것이다. 이 세 과학자는 처음이자 마지막으로 함께 핵분열을 이끈 자신들의 연구에 대해 영예를 얻었다.

리제 마이트너는 이 유명한 상을 받은 최초의 여성이었다.

당연히 기뻤지만 리제 마이트너는 "조금 석연치 않은 감정도 있었다." 제2차 세계대전 전의 연구에 대한 이러한 인정은 그녀의 삶에서 아주 늦게 거의 너무 늦게 주어졌다. 그녀는 빈으로 여행하기에는 아주 늙고 병들었기 때문에 프리쉬를 보내서 상을 받게 했다. 그러한 영예가 제공하는 상금을 받는 일 외에 그녀는 많은 강연에 초청받는 그것의 열매를 더 이상 거두어들일 수 없었다.

하지만 미국 원자에너지청의 한 대표가 빈에서의 공식적인 기념식 후에 케임브리지로 찾아오는 일을 포기하지 않았다. 그는 이 원자물리학의 '노 여인'을 만나 상을 직접 전달하고 싶어 했다. 리제 마이트너는 낮고 갈라진 음성으로, 한 장의 종이에 크고 분명하게 타자로 친 작은 감사말을 읽었다. 등받이 의자에 앉은 그녀의 등은 크게 굽어 있었다. 그녀는 전보다 더 작고 연약해보였다.

마지막 2년 동안 리제 마이트너의 기력은 지속적으로 줄어들었다. 그녀는 천천히 작은 걸음으로만 걸을 수 있었다. 몇 차례의 뇌졸중을 겪은 후 그녀는 말하는 것도 어려워졌다. 단어, 특히 아주 가까운 사람들의 이름조차도 종종 생각나지 않았다. 사람들은 때로 그녀가 대체 무얼 말하려는지도 알아낼 수 없었다. 그러나 그녀는 크게 구애받는 것 같지 않았다. 그녀는 자신이 하려고 했던 일을 즉시 잊어버리곤 했다. 그녀는 거의 읽지 않았고, 대부분의 시간을 소파에 앉아서 보냈다. 조카 부부가 방문해서 무슨 이야기를 하면, 그녀는 주의해서 들었고 내용을 대부분 이해하는 것처럼 보였다. 그러나 몇 분 후에는 그것을 다시 잊어버렸다. 이걸 바라보는 것은 아주 슬픈 일이었지만, 그녀 자신은 고통 받지 않았다. 그녀는 아무 아픔도 없었고, 하루 종일 앞을 보며 꿈꾸듯 있었다. 비가 오지 않으면, 그녀는 마당에서 몇 시간 동안 앉아 있었다. 1967년 가을에 리제 마이트너는 넘어져서 엉치뼈가 부러졌지만, 이번에도 다시 회복되었다.

1968년 여름에 오토 한이 괴팅겐에서 심장작동정지로 사망했다. 오토 로버트 프리쉬 부부는 리제 마이트너에게 이에 대해 아무 이야기도 하지 않았다.

그녀는 옛 동료보다 3개월을 더 살았다. 그녀의 삶은 요양원에서 서서히 평화롭게 마지막을 향해 갔다. 그녀는 자신의 90세 생일을 보지 못하고 10월 27일 자정이 되기 조금 전에 영면했다. 그리고 자신의 소원대로 영국 남부의 한 교회묘지에 묻혔다.

그 소원은 런던 서쪽 브램리의 성제임스 교회 묘지에 있는 막내동생 발터 옆에 묻으라는 것이었다. 소박힌 묘비에는 그녀의 이름과 생몰연대 외에 다음 말이 새겨져 있다.

"한 번도 인간적인 면모를 잃은 적이 없는 물리학자(A Physicist, who never lost her humanity)."

덧붙이는 이야기 | 성공할까 두렵다

· 원자폭탄의 역사 ·
1939-1945

핵분열의 발견으로 원자폭탄 제작이 가능해졌다는 것은 1939년에는 이미 비밀이 아니었다. 리제 마이트너와 그녀의 조카 프리쉬가 그 과정을 물리학적으로 설명한 후, 다른 학자들은 곧 실험을 통해서 우라늄이 분열할 때 '연쇄반응'이 일어날 수 있음을 알아냈다. 우라늄 핵이 쪼개지면 자유롭게 움직이는 중성자 형태로 에너지가 방출되는데, 이 전하를 띠지 않은 원자의 구성물이 새로운 핵을 뚫고 들어가서 그것을 쪼개고, 이때 또다시 중성자가 발생하는 식으로 반응이 계속되는 것이다. 그리고 마지막에는 1939년에 '가능하다'고 여겨졌던 원자폭탄이 생겨나는 것이다.

    미국으로 망명한 물리학자 레오 실라르드(Leo Szilard)는 이 새롭고 무시무시한 무기가 실제로 제작될 수 있다고 믿었다. 그는 독일의 오토 한, 베르너 하이젠베르크, 칼 프리드리히 폰 바이츠재커(Carl Friedrich von Weizsacker) 같은 원자연구자들이 이를 위한 전문지식과 능력을 지니고 있다고 보았다. 헝가리 태생이었던 실라르드는 히틀러가 먼저 이 폭탄을 만들어서 세계를 협박하면 어떤 일이 벌어질 것인가에 대해 큰 두려움을 갖게 되었다. 그리하여 실라르드는 행동에 들어갔다. 그는 두 명의 동료과학자와 함께 미국 대통령 루즈벨트에게 편지를 썼다. 이들은 원자폭탄의 제작 가능성에 대해 알리려고 했다. 자신들의 글에 무게를 싣기 위해 편지 작성자들은 유명한 아인슈타인에게 서명해달라고 요청했다. 1933년부터 미국에 살고 있던 이 물리학자는 처음에는 주저했다. 그는 확고한 평화주의자였기 때문이다. 그러나 그는 오래 주저하지 않았다. 그 역시 히틀러가 이 무기를 소유하게 되는 것을 어떤 경우라도 막고 싶었기 때문이다. 유럽에서 전쟁이 시작되기 한 달 전, 즉 1939년 8월에 이 편지는 백악관으로 향했다.

편지는 1939년 10월이 되어서야 비서를 통해 루즈벨트 대통령에게 전달되었다. 대통령은 짤막하게 대답했다. 그는 그 글에 특별한 의미를 부여하지 않는 것처럼 보였다. 그러나 그는 검토위원회를 구성하도록 했다. 1940년 3월 7일, 아인슈타인은 두번째 편지에서 원자탄의 위험에 대해 다시 한 번 이야기했다. 2년 동안 별다른 일이 일어나지 않았다. 영국과 미국이 단지 원자물리학 분야에서 협력하기로 결정했을 뿐이다. 그리고 1941년에 마침내 엔리코 페르미가 원자폭탄이 물리학적으로 사기가 아니라는 것을 보여주었다.

리제 마이트너는 훗날 이 시기에 대해 이렇게 말했다.

"이 발명(핵분열)이 전쟁 때 이루어진 것은 불행한 우연이다. 한편으로는 방어의 필요성에 의해 다른 한편으로는 공격의 의지로 인해 전문지식을 가진 과학자들은 새로 발견된 에너지원을 전쟁에 이용하려는 목표에 노력을 집중했다. 그리고 이 노력은 원자폭탄 제조라는 결과를 낳았다."

이 '노력'은 1942년 여름에 아주 힘차게 시작되었다. 일본이 미국의 진주만 기지를 공격한 후 미국은 아시아에서 전쟁에 뛰어들었다. 루즈벨트가 핵연구 프로그램을 군이 주관하도록 명령했을 때 상황은 더 첨예해졌다. 책임자는 레슬리 그로브즈(Leslie Groves) 장군이었고, 그는 추진력이 있었다. 그의 사무실이 맨해튼에 있었기 때문에 비밀 프로젝트의 이름은 '맨해튼 기술자 구역', 줄여서 '맨해튼 프로젝트'라는 은폐명을 지니게 되었다.

과학책임자는 사고력이 대단히 뛰어난 물리학자 로버트 오펜하이머였다. 그의 금언은 "기술적으로 유혹적인 것은 사람들이 하고 싶어 한다"였다. 오펜하이머에게 당시 최고의 유능한 과학자들을 원자탄 프로젝트에 참여시키는 것은 어렵지 않은 일이었다. 오펜하이머는 열광시키고 확신시킬 수 있는 능력이 있었다. 더욱이 많은 물리학자, 화학자, 공학자들이 히틀러에 의해 유럽에 있는 자신의 고향으로부터 쫓겨났기 때문에 그들은 독재자를 무력하게 만드는 데 기꺼이 기여하려고 했다. 또한 많은 과학자들은 오펜하이머가 아주 잘 파악했듯이 그 기술적인 도전에도 유혹당했.

연구자들은 미국 뉴멕시코 주의 로스앨러모스에서 살고 일했다. 장군은 오래되고 고립된 기숙학교 주위에 나무 막사를 세우도록 했는데, 이 모든 것은 안락한 감옥을 연상시켰다. 그 구역은 봉쇄되었고, 우편물과 출구는 감시받고 검사당했다. 맨해튼 프로젝트의 어떤 것도 밖으로 유출되어서는 안 되었다.

리제 마이트너의 조카 오토 로버트 프리쉬도 로스앨러모스에서 일했다. 그는 연구자 캠프의 분위기에 열광했다.

> "저녁에 어느 방향으로든 가다가 처음 맞닥뜨리는 방문을 두드렸을 때, 거기서 음악을 하거나 흥미를 끄는 대화를 나누는 재미있는 사람들을 만나는 게 가능하다는 것은 기분 좋은 일이었다. 어디에서도 나는 이렇게 지적이고 교양 있는 사람들이 다양하게 존재하는 소도시를 한 번도 본 적이 없다."

그들이 여기서 원자폭탄이라는 무기를 만든다는 사실은 거의 잊혀졌다. 핵폭발은 우라늄의 임계질량이 넘어야 연쇄적으로 일어나는데, 이 임계질량을 찾아내는 일을 과학자들은 "용의 꼬리를 간질이는 일"이라고 불렀다.

로스앨러모스는 맨해튼 프로젝트의 두뇌라고 할 수 있는 핵심이었다. 이 사업에는 때때로 미국 전역에 걸쳐 있는 공장, 사무실, 실험실, 광산에서 20만 명까지 참여했다. 무슨 일을 위해서 일하는지 아는 사람은 아주 적었다.

리제 마이트너의 옛 친구인 제임스 프랑크와 닐스 보어도 로스앨러모스에서 연구에 참여했다. 그녀는 어째서 거기에 없었을까?

프리쉬는 나중에 이모가 원자폭탄 연구에 함께하자는 모든 제안을 거절했다고 계속해서 강조했다. 우리는 이 '제안들'이 어떤 것이 었는지, 누가 그 제안들을 했는지 알 수 없다. 미국에서 열성적으로 연구가 진행되는 동안 이 여성 물리학자는 스톡홀름 망명지에 혼자 있었다. 리제 마이트너는 오직 한 가지만을 원했다.

"새로 열린 에너지원이 단지 평화적 목적을 위해서만 이용되면 좋겠다. 전쟁 중에 나는 스톡홀름 친구인 오스카 클라인에게 종종 이렇게 말하곤 했다. '나는 원자폭탄 제작이 성공하지 않기를 희망하지만, 성공할 것 같다는 두려움이 자꾸 생긴다.' 내 두려움은 들어맞았다."

1944년 11월 미국 군대가 스트라스부르로 진격해 들어갔다. 그들은 그곳에서 일하던 독일 원자과학자들의 연구 기록들을 압수하고 물리학자들을 심문했다. 1945년 4월 과학자들은 영국에 감금되었는데, 그중에는 오토 한도 있었다. 마침내 독일이 원자폭탄을 갖고 있지 않다는 것이 분명해졌다. 그들은 원자폭탄을 제조하지도 않았고, 한참 뒤처져 있었다. 많은 사람을 맨해튼 프로젝트에 참여하도록 만든 '독일의 원자폭탄에 대한 두려움'은 비눗방울처럼 터져버렸다. 1945년 5월에 나치 독일은 항복했다.

그런데도 로스앨러모스의 남성들은 연구를 계속했다. 맨해튼 프로젝트는 완결 직전이었고, 그 지휘권은 오래전부터 군이 가지고 있었다. 군에게는 오직 한 가지 걱정밖에 없었는데, 그것은 폭탄이 제작되기 전에 전쟁이 끝나버리는 것이었다. 그들은 원자폭탄을 갖는 것만이 아니라, 그것을 투하하려고 했다. 독일이 아니라면 다른 곳에라도. 아직도 미국과 전쟁 중이던 일본이 고려 대상으로 들어왔다.

1945년 6월에 로스앨러모스에서 일하던 일곱 명의 과학자가 원자탄 투하 계획에 반대한다는 발표를 했다. 제임스 프랑크가 미국 국방부를 위한 보고서에 처음으로 서명했기 때문에, 이 문서에는 '프랑크 보고서'라는 이름이 붙었다. 서명자들은 최초의 원자폭탄 실험을 국제사회가 지켜보는 가운데 수행할 것을 요구했다. 그들이 내세운 이유는 이렇다.

> "미국이 인류를 무자비하게 파괴할 이 새로운 수단의 최초의 사용 국가가 된다면, 미국은 세계의 지지를 포기해야 할 것이고, 군비경쟁을 가속화할 것이고, 그러한 무기를 통제할 미래의 협약을 위한 기회를 말살할 것이다."

이러한 생각과 우려는 과학자들 사이에서 광범위한 지지를 얻었다.

리제도 프랑크 보고서가 '힘 있고 현명한 논리'를 지니고 있다고 평가했지만, 이 보고서는 아무런 반향도 얻지 못했다. 1945년 7월 16일 최초의 원자폭탄이 뉴멕시코의 황량한 사막에서 폭발했다. 이곳은 한때 스페인 정복자들이 '망자의 여행(Jordana del Muerto)'이라는 이름을 붙인 곳이었다. 원자폭탄의 섬광이 아침하

늘을 눈부시게 만들었을 때, 관찰자들은 마비와 열광과 전율을 동시에 느끼는 것 같았다. 로버트 오펜하이머는 인도 힌두교의 성스러운 노래를 떠올렸다. 그중에는 "나는 모든 것을 앗아가는 죽음……"이라는 구절이 들어 있었다.

이 성공적인 실험 후에 모든 일은 아주 빨리 진행되었다. 군은 명령을 내렸고, 미국의 새 대통령 트루먼은 폭탄투하 계획을 승인했다.

오늘날의 시각에서 볼 때, 실제로 이를 통해서 아시아에서의 전쟁이 예상보다 빨리 종결되었는지는 아주 의심스럽다. 왜냐하면 원자폭탄 투하 전에 일본은 이미 끝장이 난 상태였고, 미국이 적국을 향해 한걸음 더 나아갔더라면 항복협상에 나설 준비가 되어 있었기 때문이다.

1945년 8월 6일과 9일에 원자폭탄이 히로시마와 나가사키에 떨어졌고, 두 도시를 완전히 파괴해버렸다. 수십만 명이 죽거나 불구가 되었다. 일본은 항복했다.

1945년 11월 노벨상 수상자 해럴드 유리(Harold Urey)는 한 과학잡지에 〈원자와 인류〉라는 제목의 글을 발표했다. 이 미국 화학자는 결론을 내리면서 오늘날에도 똑같이 유효하고, 그때나 지금이나 아직 충족되지 않은 다음과 같은 요구를 내놓았다.

- 원자폭탄이 어느 한 나라에서 만들어진다면, 그것은 세계의 모든 산업국가에서 만들어질 수 있다.
- 원자폭탄이 모든 나라에서 제조된다면, 우리는 우리의 남은 날들을

그것이 사용되리라는 죽음의 두려움 속에서 살아갈 것이다. 그리고 의심할 바 없이 그것은 시간이 흐름에 따라 사용될 것이다.
- 지구의 어떤 나라에서도 원자폭탄이 제조되어서는 안 된다. 그리고 어떤 정부도—어떤 종류이든 상관없이—원자폭탄을 보유해서는 안 된다.
- 원자폭탄의 위험이 지구로부터 영원히 추방되지 않는 한, 핵에너지의 평화적인 이용은 조금도 중요하지 않다.

1949년 8월 29일 소련은 그들의 첫번째 원자폭탄에 불을 붙였다. 미국은 그것을 받아들일 수 없었다. 군비경쟁의 태엽이 돌아가기 시작했다…….

참고자료

다음 인물들은 내가 참고자료를 찾는 데 도움을 주었고, 나에게 리제 마이트너에 대한 정보를 주었다.

Dr. P. Csenders, Wiener Stadt-und Landesarchiv, Wien
Anna Greta und Sigvard Eklund, Wien
Professor Arnold Flammersfeld, Göttingen
Professor Rudolf Fleischmann, Erlangen
Ulla Frisch, Cambridge
Professor Berta Karlik, Wien
Dr. Marion Kazemi, Bibliothek und Archiv der Max-Planck-Gesellschaft, Berlin
Jost Lemmerich, Berlin
Lisa Lisco, Brookline, USA
Marie-Luise Rehder, Göttingen
Marion Stewart, Archiv des Churchill College, Cambridge

케임브리지의 울라 프리쉬(Ulla Frisch)와 '케임브리지대학 처칠 칼리지의 학장, 교수, 연구자들'은 처칠 칼리지에 있는 리제 마이트너의 유품(마이트너 문서들)을 보고 인용할 수 있도록 허락해주었다.

물리학적 문제에 관한 자문은 기센대학 방사선센터의 귄터 클라우스니처 교수가 해주었고, 이에 대해 감사드린다.

리제 마이트너의 편지들

- 1933년까지 오토 한에게 보낸 것: Bibliothek und Archiv zur Geschichte der Max-Planck-Gesellschaft, Berlin (베를린 막스플랑크협회의 도서관과 문서보관실. 앞으로는 MPG로 줄임).
- Arnold Flammersfeld에게 보낸 것: Arnold Flammersfeld의 개인 소장(괴팅겐).
- Berta Karlik과 Stefan Mayer에게 보낸 것: 오스트리아 빈의 라듐연구 및 핵물리연구소.
- 다른 모든 편지들: 영국 케임브리지 처칠 칼리지 문서보관실(앞으로는 CC로 줄임).

리제 마이트너의 발표문들(연도에 따라 배열)

- *Über den Aufbau des Atominnern*.
  In: Die Naturwissenschaften, 15. Jahrg., Heft 16, 1927, S. 370f.
- *Wärmeleitung im inhomogenen Körper* (Dissertation).
  Sitzungsberichte der kaiserlichen Akademie der Wissenschaften in Wien, Mathem. naturw. Klasse Bd. CXV, Abt. IIa, Febr. 1906, S. 125f.
- *Otto Hahn zum sechzigsten Geburtstag* (8. März 1939).
  In: Current Science N. 5, Mai 1939, S. 204f.
- *Das Atom*.
  In: Neue Zeitung vom 14. Januar 1946 (MPG)
- *Presseerklärung der Catholic University of America*.
  31. Januar 1946 (CC)
- *Rede auf dem American Brotherhood Luncheon*.
  6. Juni 1946 (CC)
- *Otto Hahn zum 8. März 1949*.
  In: Zeitschrift für Naturforschung, Band 4a, Heft 2(1949)
- *Otto Hahn*.

In: Angewandte Chemie, 64. Jahrg., Heft 1, 1952, S. 1f.
- *Frauen in der Wissenschaft.*
Manuskript einer Hörfunksendung für Radio Bremen, 10. Dezember 1533 (CC).
- *Einige Erinnerungen an das Kaiser-Wilhelm-Institut für Chemie in Berlin-Dahlem.*
In: Die Naturwissenschaften, 41. Jahrg., Heft 5, März 1954, S. 97f.
- *Atomenergie und Frieden.*
In: Schriftenreihe der Österreichischen Unesco, Wien, 1954, S. 11f.
- *Otto Hahn, Der Entdecker der Uranspaltung.*
In: H. Schwert/W. Spangler (Hrsg.): Forscher und Wissenschaftler im heutigen Europa, 1955, S. 149ff.
- *Iréne Joliot-Curie.*
In: Physikalische Blatter, 12. Jahrg., Heft 6, 1956, S. 269.
- *Kein Anteil an der Atombombe.*
In: Carl Seelig (Hrsg.): Helle Zeit-Dunkle Zeit-In memoriam Albert Einstein, 1956, S. 113.
- *Max-Planck als Mensch.*
In: Die Naturwissenschaften, 45. Jahrg., Heft 17, (1958), S. 406f.
- *Über einige Probleme in der Ausnützung der Atomenergie.*
In: Mädchenbildung und Frauenschaffen, 8. Jahrg., Heft 12, Dezember 1958, S. 533f.
- *The Status of Women in the Professions.*
In: Physics Today, 13. August 1960, S. 17f.
- *Wege und Irrwege zur Kernenergie.*
In: Naturwissenschaftliche Rundschau, 16. Jahrg., Heft 5, Mai 1963, S. 167f.
- *Otto Hahn zum 85. Geburtstag.*
In: Die Naturwissenschaften, 51. Jahrg., Heft 6, 1964, S. 9.
- *Lise Meitner looks back.*
In: International Atomic Energy Agency Bulletin Vol. 6, N. 1, Januar

1964. S. 4f.

리제 마이트너의 인터뷰들

- *Gespräch mit Lise Meitner.*
  In: Kontakte, Nummer 7, Hamburg 1953, Mitteilungen von Kongreβ für die Freiheit der Kultur, S. 7f. (MPG)
- Interview-Abschrift (31 Seiten) aus dem Jahre 1962.
  Interview: Otto Robert Frisch und Thomas S. Kuhn (CC)
- Korrespondentenbericht des International News Service vom 25. September 1946 (CC)

리제 마이트너에 관한 발표문들(선별)

- Boerters, K. E./J. Lemmerich: *Gedächtnisausstellung zum 100. Geburtstag von Albert Einstein, Otto Hahn, Max von Laue, Lise Meitner* (Katalog).
  Physik-Kongreβ-Ausstellungs-und Verwaltungs-GmbH. Bad Honnef, 1979.
- Deborah Crawford: *Lese Meitner-Atomic Pioneer.*
  New York 1969.
- Renate Feyl: Lese Meitner (1878–1968).
  In: Der lautlose Aufbruch-Frauen in der Wissenschaft. Darmstadt, 1981, S. 162f.
- Otto Robert Frisch: *Lise Meitner, 1878–1968, Elected. for. Mem. R. S.* 1955.
  Biographical Memoirs of Fellows of the Royal Society. 6 (1970), S. 405ff.
- Otto Robert Frisch: *A Nuclear Pioneer Lecture Honouring Lise Meitner.*
  (Lecture Presented at the Annual Meeting of the Society of Nuclear Medicine). Miami Beach, USA, Juni 1973.
- Otto Robert Frisch: *Woran ich mich erinnere.* Stuttgart 1981.
- Dietrich Hahn (Hrsg.): *Otto Hahn, Erlebnisse und Erkenntnisse.*
  Dusseldorf/Wien 1975.

- Dietrich Hahn: *Otto Hahn, Begründer des Atomzeitalters.*
  München 1979.
- Otto Hahn: *Vom Radiothor zur Uranspaltung.*
  Eine Wissenschaftliche Selbstbiographie. Braunschweig 1962.
- Otto Hahn: *Mein Leben.* München 1968.
- Berta Karlik: *Lise Meitner.*
  Ein Nachruf. In: Almanach der österreichischen Akademie der Wissenschaften, 119. Jahrg., 1969, S. 345ff.
- Fritz Krafft: *Lise Meitner und ihre Zeit.*
  Zum hundertsten Geburtstag der bedeutenden Naturwissenschaftlerin.
  In: Zeitschrift für Angewandte Chemie 90, 876-892 (1978)
- Fritz Krafft: *Lise Meitner.*
  In: Im Schatten der Sensation-Leben und Wirken von Fritz Straßmann, Weinheim 1981, S. 165ff.
- Fritz Krafft: *Lise Meitner und die Entdeckung der Kernspaltung.*
  In: Mitteilungen der österreichischen Gesellschaft für Geschichte der Naturwissenschaften, Jahrg. 4, Heft 1, 1984, S. 1f.
- Elisabeth Schiemann: *Freundschaft mit Lise Meitner.*
  In: Neue Evangelische Frauenzeitschrift, 3. Jahg., Heft 1, Januar/Februar 1959.

일반적인 발표문들

- Renate Feyl: *Sein ist das Weib, Denken der Mann-Ansichten und Äußerungen für und wider den Intellekt der Frau von Luther bis Weiniger.*
  Darmstadt und Neuwied, 1984.
- Armin Hermann: *Die Jahrhundertwissenschaft-Werner Heisenberg und die Physik seiner Zeit.* Stuttgart, 1977.
- Armin Hermann: *Wie die Wissenschaft ihre Unschuld verlor-Macht und Mißbrauch der Forscher.* Stuttgart, 1982.
- Heinrich Jaenicke: *Die Zauberlehrlinge-Wie die Welt in die Hände der Physiker fiel-die Geschichte der Atombombe.* In: STERN, Nr. 32

bis 40, 1985.

- Robert Jungk: *Heller als tausend Sonnen – Das Schicksal der Atomforscher.* Hamburg, 1983.
- Horst Rademacher: *Ich bin der Tod, der alles raubt... – Vor vierzig Jahren wurde in Neu-Mexiko die erste Atombombe gezündet – Ein neues Zeitalter brach an.* In: DIE ZEIT, Nr. 29, 12. Juli 1985, S. 25f.

리제 마이트너에 관한 최신 발표문들

- Charles S. Chiu: *Frauen im Schatten.* Wien 1994 (P).
- Cornelia Denz (Hrsg.): *Von der Antike bis zur Neuzeit. Der verleugnete Anteil der Frauen an der Physik.* Darmstadt 1993. (P) Zu beziehen über: FiT-Frauen in der Technik, Schloßgartenstraße 45, 64289 Darmstadt.
- Sabine Ernst (Hrsg.): *Lise Meitner an Otto Hahn. Briefe aus den Jahren 1912 bis 1924.* Quellen und Studien zur Geschichte der Pharmazie, Band 65. Stuttgart 1993.
- Ulla Folsing: *Nobel-Frauen. Naturwissenschaftlerinnen im Porträt.* München 1990 (P).
- Reimer Hansen: *Lise Meitner. Eine Würdigung.* Hahn-Meitner-Institut, Berlin 1989.
- Evelies Mayer: *Lise Meitner: Ein Leben im doppelten Exil.* In: Chemie in Labor und Biotechnik, Heft 10, 1993, S. 519–524.
- Patricia Rife: *Lise Meitner. Ein Leben für die Wissenschaft.* Hildesheim 1992.
- Anne Schlüter (Hrsg.): *Pionierinnen, Feministinnen, Karrierefrauen? Zur Geschichte des Frauenstudiums in Deutschland.* Pfaffenweiler 1992 (P).
- Werner Stolz: *Otto Hahn – Lise Meitner.* Stuttgart 1989.
- Jonathan Tennenbaum: *Kernenergie – Die weibliche Technik.* Wiesbaden 1994 (P).
- Margot Weisbach: *Die Töchter Nobels. Eine Studie über das Leben der*

Preisträgerinnen. Lunen 1990(P).

사진 출처
(1) Ulla Frisch, Cambridge, England; (2, 5, 7, 9) Archiv des Churchill College, Cambridge, England; (3, 4, 6, 8, 10) Bibliothek und Archiv zur Geschichte der Max-Planck-Gesellschaft, Berlin.

옮긴이의 글
과학사에서 부당한 삶을 살았던 리제 마이트너

영어에 언더독(underdog)이라는 낱말이 있다. 패배자 또는 부당하게 취급당하는 사람을 뜻하는데, 과학의 역사에도 언더독은 많이 등장한다. 리제 마이트너는 로잘린드 프랭클린(Rosalind Franklin)과 함께 대표적인 과학사의 언더독이다. 프랭클린과 마찬가지로 그녀도 노벨상에 근접하는 뛰어난 업적을 남겼다. 그럼에도 함께 연구한 사람들은 노벨상을 받았지만 정작 자신은 배제되는 일을 겪어야 했다.

언더독으로서 두 사람의 공통점은 여성이라는 것이다. 그 때문에 둘은 제대로 평가받지 못하고 무시당했다. 그나마 프랭클린은 여성운동가들의 주목을 받았고, 이들에 의해 여성이기 때문에 부당한 평가를 받은 대표적 여성과학자로 널리 알려짐으로써 재평가를 받았다고 할 수 있다. 그러나 마이트너는 여성운동가들의 주의조차 거의 받지 못했고, 지금까지도 종종 자신이 그토록 싫어했던 노벨상 수상자 오토 한의 연구원으로 소개되곤 한다.

마이트너는 유대인이었고, 나치의 피해를 가장 크게 입은 과학자이다. 망명을 해서 목숨을 건질 수는 있었지만 과학자로서는 치명적으로 10여 년 동안 연구를 거의 하지 못했다. 제2차 세계대전 후에 과거의 지위를 거의 회복하기는 했지만, 이미 늙어버린 그녀에게는 큰 의미가 없었다.

이 책의 저자 샤를로테 케르너(Charlotte Kerner)는 이렇듯 불운한 여성과학자를 주인공으로 선택해서 길지 않은 분량 속에 제대로 소개했다. 저자는 마이트너의 삶의 궤적을 빠뜨리지 않으면서 그녀의 인간으로서의 고민, 히틀러에 협조한 독일과학자들에 대한 걱정과 분노 등도 압축적으로 기술한다. 오토 한을 비롯해서, 사태의 본질을 파악하지 못했거나 또는 파악하려 하지 않았던 히틀러 치하 과학자들에 대한 마이트너의 견해는 그녀의 서신들을 소개함으로써 대신했는데, 이 서신들은 특히 눈여겨볼 만하다. 과학자들도 정치, 사회문제, 자기자신의 행위에 대해 결코 객관적이거나 보편적이지 못하다는 것을 잘 드러내기 때문이다.

이 책은 독일의 청소년을 대상으로 씌어진 것이지만 본격적인 문헌조사를 거쳐서 나온 것이다. 그러므로 대중을 상대로 한 과학자 이야기와는 달리 리제 마이트너에 대한 짧지만 제대로 된 소개서로서 충분히 읽어볼 만한 책이다.

2009년 4월
이 필 렬